머리말

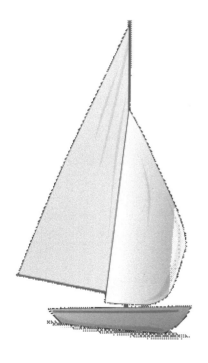

　해양레저를 즐기기 위한 선박으로는 크게 모터출력을 이용하는 모터보트와 바람의 양력과 압력으로 추진하는 세일링 요트로 나누어진다. 특히 세일링 요트는 수시로 변화하는 해상환경에서 자연의 힘에 순응하는 레저스포츠로 각광을 받고 있다. 일반인들이 세일링 요트를 배우기 위해서는 기초적인 지식이 포함된 해설서와 용어 및 항해 원리를 이해하는데 첫걸음 입문서가 매우 중요하다. 아울러 세일의 형상에 따라 배를 부리는 기술은 단순하다고 말할 수 있지만 이를 능숙하고 안전하게 조종할 수 있으려면 많은 시간과 세일링 경험이 필요하다.

　세일링 요트는 이러한 관점에서 공기와 물의 이해를 통해 선체의 균형을 잡는 방법을 찾아야 하며, 선장(스키퍼:Skipper)과 선원(크루:Crew)들이 하나의 구성원으로써 감각적으로 각자의 임무를 수행해야 올바르게 항해 할 수 있다. 따라서 본 교재는 이론이나 실기면에서 처음 세일링 요트에 입문하고자 하는 요트인을 대상으로 하고 있으며, 세일링에 대한 기초지식을 바탕으로 요트조종면허 시험을 대비하도록 구성하였다.

　본 교재는 세링일 요트의 이해를 통해 요트의 정의와 특징, 공기역학을 통한 세일링 요트의 추진원리, 다양한 요트의 종류와 구성인자, 양력과 압력을 활용한 풍상 및 풍하범주, 요트 조종면허 이론 및 실기시험절차와 다소 생소한 전문용어를 정리하였다.

단순한 원리의 세일링 방법을 바탕으로 레저를 즐기는 초심자 입장에서 요트에 대한 접근성을 높였으며, 튼튼한 기초위에 지속적인 연습을 통해 여러분들은 앞으로 능숙하게 세일링 요트를 다룰 수 있는 요트 인으로 성장할 것으로 기대한다.

본 교재의 출판을 위해 편집 및 교정 작업을 도와준 목포해양대학교 유동제어 연구실의 박근홍, 임준택연구원과 이해력을 높이는 디자인 및 시안작업을 진행해준 플코 식구들과 송민철 대표님께 깊은 감사를 드립니다.

2018년 9월 25일
목포해양대학교 공저자 일동

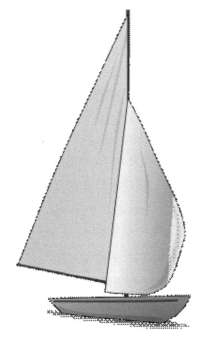

해양레저활동
세일링 요트
첫걸음

서광철 • 김인철 • 이진행 지음

SAILING YACHT

도서출판 WisdomPL

차례

세일링 요트의 이해

1-1 요트의 개요

1-1-1 요트의 개요

일반적으로 선박은 안전성과 목적성을 가지게 된다. 어선이나 상선 및 군함등은 고기를 잡거나 물품을 운반하거나 해상방위를 다룬다는 점에서 고유의 목적을 가지고 있다. 하지만 세일링 요트는 유람, 항해, 경주에 쓰이는 속도가 빠른 서양식의 소형 범선(帆船)으로 추진동력이 바람에 의한 압력과 양력을 활용하는 선박이며, 크게 동력요트와 무동력 요트로 분류되는데 시장에서는 세일링 보트, 세일링 요트, 요트로 혼용되고 있으나 보편성을 바탕으로 본 교재에서는 세일링 요트로 통칭한다.

세일링 요트는 바다와 섬을 여행하기 위한 여가와 유람활동도 가능하지만 스피드를 기반으로 하는 경기정으로 활용되고 있다. 특히 요트대회에 참가하는 경기정은 급변하는 수상 및 해양환경에서도 요트를 부리는 사람들의 항해 기술과, 세일을 조절하는 기량을 바탕으로 최상의 컨디션을 만들어 주는 것으로 순위가 결정된다. 저탄소 자연 자원인 바람을 어떻게 읽어내어 세일에 흘려 보내줄 것인가? 또는 어떤 균형으로 최상의 항해 코스를 선정할 것인가? 하는 문제로 다양한 변화 요소를 계획하고 연습해야만 좋은 결과를 얻을 수 있다. 여기에 경기에 참가하기 위한 팀원으로 각자의 임무에 맞게 역할을 수행하는 과정 또한 해양 스포츠 경기가 제공하는 단결력을 보여주기에 충분할 것이다.

1-1-2 요트의 어원

요트의 어원은 16세기 네덜란드에서 시작하여 17세기 초엽 희랍어로 "사냥하다"라는 뜻의 야헨(Jaghen)에서 유래되어 "추적선"의 뜻을 지닌 야흐트(Jaght)로 불려지게 되었고 이 무렵 네덜란드에서 야트를 타고 즐겼던 영국의 망명 찰스 황태자가 1660년 왕정복고 후 찰스 2세로 영국에서 즉위하였는데 이때 네덜란드에서 야트를 선물로 2척을 기증받아 탬스강에서 경기를 벌인 것을 시초로 본다. 바람에 크게 구애 받지 않고 자유자재로 달릴 수 있도록 고안된 근대적 의미의 요트는 17세기 네덜란드에서 시작된 것으로 영국을 중심으로 왕실과 귀족들 사이에서 요트를 즐겼으며, 유럽으로 전파되어 1907년 국제 세일링 연맹의 전신인 국제요트경기연맹이 설립되게 되었다.

1-2 요트의 역사

1-2-1 요트의 역사

요트는 선박사와 역사적 고리가 시작되지만 언제부터 인류가 배를 추진하기 위해 바람을 이용했는지는 명확하지 않다. 인류가 나무를 엮어 만든 원시적인 형태의 배를 만든 시기는 BC 4,000년 경이라고 알려져 있다. 이때 인류문화 문명이 처음으로 나타나는데 그 발상지는 인도의 인더스강 유역, 이라크의 키그리스 유프라테스강 유역인 메소포타미아 지방, 이집트의 나일강 유역, 중국의 황화강 유역이다. BC 3,400년경 이집트의 벽화에 횡범(橫帆)과 노를 사용한 범선이 그려진 것을 볼 때 나일강 유역에서 교역이나 군사적으로 사용되었을 것으로 추정되고 있으며, 중세의 바이킹 원정 항해시대에는 상아대와 돛을 병용한 횡범항해가 이루어 진 것을 확인할 수 있다. 그 후 문명의 발달과 여러 가지 목적으로 원거리 항해의 목적으로 AD 4세기경 동지중해 시리아 지방에서 크게 번성한 페니키아 상선은 횡범을 활용하여 유럽과 아프리카 서안, 페르시아 세일론 지방까지 교역을 넓혔다. 한편 맞바람을 거슬러 항해하는 종범의 흔적은 AD 7세기경 나일강 하류지역부터 지중해 연안까지 항해한 아라비아인들의 삼각돛(라틴세일:Lateen sail)을 찾아볼 수 있으며 이들은 최초로 바람을 거슬러 올라가는 기능을 가졌고 종범의 기술은 현재 요트의 가장 큰 의미를 부여한 것으로 그 이후 15세기경 오리엔트인에 의해 완성되었다.

1-2-2 요트 경기의 역사

17세기 중엽에는 네덜란드, 포르투갈, 스페인 등에서는 국가적인 정책으로 식민지 경쟁에 필수적인 수단으로 대형 범선을 건조하여 경제적 번영을 만들었으며 상인들의 부를 축적하는 수단으로 자리매김 하였고, 이후 상류층에서는 선물로 기증되기도 하다가 왕족이나 상류계급층의 즐길거리로 전파되는 시대를 맞는다. 요트 경기는 1660년 네덜란드에서 선물받은 수렵선 2척을 이듬해 찰스 2세가 그의 동생 요크공작 제임스와 더불어 탬즈강의 그리니치에서 그레이브센트까지 약 37 km 코스를 경주하는데 100파운드 상금을 목적으로 시작되었다. 1920년에는 아일랜드에서 세계최초의 요트클럽인 코크하버워터클럽(Water Club of the Harbor of Cork)이 창설되었고 지금까지 전통 있는 클럽으로 발전하고 있다. 이 후 유럽각국의 무역에 의한 항해시대에 맞춰 귀족이나 상인들이 투자하게 되어 대항해 범선의 전성기를 맞게 되었다. 그러나 18세기 산업혁명 이후 증기관의 발명과 엔진의 발달로 인해 교통수단으로서의 범선은 쇠퇴하였다.

결국 항해용의 범선은 쇠퇴하였으나 영국을 중심으로 경기의 의욕과 상류층의 발원으로 1747년 최초의 요트경기 규칙이 생겨나고 1775년 대규모 요트경기가 시작되었다. 또한 신대륙의 발견으로 메이 플라워(May flower)호가 미국의 동부에 건너가서 1844년에는 뉴욕에 요트클럽이 생겼고 1851년 대서양을 건너 영국에 온 미국의 아메리카(America)호가 영국의 와이트(Wight)섬 일주 레이스에서 우승함으로써 미국이 요트강국으로 부상하는 계기를 마련하였다. 또한 1876년 알프레드 존슨이 대서양을 단독으로 횡단하는데 싱공하고 1895년부터 8년간 조쉬어 스로캄이 단독 세계 일주를 요트로 성공하였으며, 최근 대한민국의 김승진 선장도 "아라파니호"를 타고 무기항 세계 일주를 성공하는 등 요트의 역사는 오늘날에 이르고 있다.

현대 과학문명 속에서 바람의 힘으로 움직이는 요트는 인류와 함께 시작한 배의 역사이기도 하며, 그것은 자연에 대한 인류의 도전역사이기도 하다. 많은 바다 사나이들의 용기와 지혜, 그리고 희생이 현대문명의 원동력이 되어 왔으며, 또 한 바다라고 하는 자연에 대한 이해와 도전을 상실하지 않았다고 하는 사실이 인류를 존속시켜온 힘이 라고 생각한다.

세일링 요트의 종류

2-1 용도에 따른 종류

2-1-1 사용 용도에 따른 분류

요트에는 여러 가지 즐기는 법이 있고, 그 목적에 의해서 선체 구조나 돛을 움직이는 장치, 리그류, 부품, 다양한 줄들과 의장 등으로 구성된다. 그 즐기는 법을 크게 나누면 크루징과 레이스로 나눌 수 있는데 그 양극단에 있는 것으로부터 가운데쯤에 있는 요트까지 여러 가지 유형으로 분류된다.

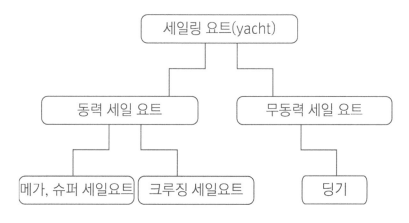

<그림 2-1> 용도에 따른 세일링 요트 분류

❖ 크루저 세일링 요트(cruiser sailing yacht)

외양의 주 무대로 하는 장거리 코스를 항해하는 요트로서 주로 외양경기 및 크루징(cruising)용 요트로 화장실을 포함하여 잠을 잘 수 있으며, 먹고 마실 수 있는 주거시설(cabin)을 구비한 24피트급 이상 클래스에 해당하며, 오랜 기간 외양경기를 목적으로 많이 사용된다.

❖ 딩기(dinghy) 요트

주로 연안이나 내수면에서 경기하거나 레저를 즐기기 위한 요트로서 선실이나 부속 시설, 편의시설이 갖춰지지 않고 있으며, 올림픽이나 아시안게임 등에 사용하는 소형 클래스이다.

2-2 형태의 특성에 따른 분류

2-2-1 선체의 수에 의한 분류

❖ 단동선(monohull)

선체가 하나로 이루어진 형태이며 가장 보편적으로 사용되는 형태로서 다동선에 비해 방향전환기능이 수월하다.

❖ 쌍동선(catamaran)

선체가 두 개로 이루어진 형태를 말하며, 수면에 대한 저항이 적어 빠른 속도를 낼 수 있고 선실의 공간이 넓어 활용도가 우수하다.

▷ Mono hull 요트 :
선체가 하나인 것
싱글크래프트(Single craft)

▷ Catamaran 요트 :
선체가 두 개로 이루어진 것
멀티헐(Multihull)로 속함

▷ Trimaran 요트 :
선체가 세 개로 이루어진 것
멀티헐(Multihull)로 속함

<그림 2-2> 선체의 수에 의한 분류

❖ 삼동선(trimaran)

선체가 세 개로 이루어진 형태를 말하며 비교적 넓은 선상공간을 이용할
수 있고 속도 면이나 안전성면에서 뛰어난 성능을 가지고 있다.

2-2-2 돛대와 세일 형태에 의한 분류

❖ 캣(cat)요트

주로 딩기타입 클래스에서 많이 볼 수 있는 요트로 한 개의 돛대에 한 장
의 세일을 설치한 요트를 캣이라 한다. 캣 타입의 요트는 초보자에게 가장
빠르게 세일링의 원리를 배울 수 있게 해주는 요트이다.

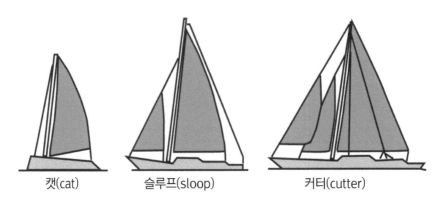

캣(cat)   슬루프(sloop)   커터(cutter)

<그림 2-3> 돛대와 세일형태 의한 분류

❖ **슬루프(sloop)요트**

한 개의 돛대에 세일 두 장을 설치하여 운항하는 요트로 가장 일반적인 요트에 해당한다. 선수에 있는 세일은 집세일(jib sail)이며, 돛대에서 선미 쪽으로 설치된 세일이 메인세일(main sail)이다. 메인세일은 중심을 잡고 집세일과 함께 추진력을 발생하게 되며, 속도와 선회성면에서 우수하고 가장 좋은 레이스 감각이 발휘되는 요트이다.

❖ **커터(cutter)요트**

한 개의 돛대에 메인세일 한 장에 집세일 2장을 설치하는 것으로 이러한 의장은 소형크루저에서 많이 사용하며, 특히 2장의 집세일중 안쪽의 집세일은 스테이 세일이라고 불린다.

❖ **스쿠너(schooner)요트**

두 개 이상의 돛대를 가지고 있으며, 돛대가 둘인 경우에는 작은 돛대가 앞에 위치하게 되며 대형요트에서 흔히 사용되는 형태이다.

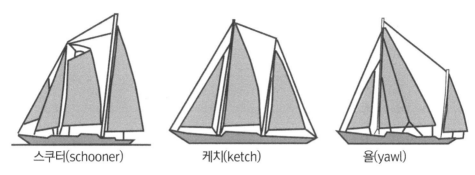

| 스쿠터(schooner) | 케치(ketch) | 욜(yawl) |

<그림 2-4> 돛대와 세일형태 의한 분류

❖ 케치(ketch)요트

두 개의 돛대로 구성되고 선수의 돛대가 선미 쪽 돛대보다 높고 선체 하부
에 장착된 요트의 키(rudder)보다 앞쪽에 설치된 것이 특징이다.

❖ 욜(yawl)요트

두 개의 돛대로 구성되고 케치와 모양이 유사하나 선미 쪽 돛대가 요트의
키(rudder)보다 뒤쪽에 설치된 것으로 이는 속력보다 조종성을 중시하고
있기 때문이다.

2-2-3 선저(bottom)부 횡류방지 형상에 의한 분류

종류	모양	설명
리보드킬	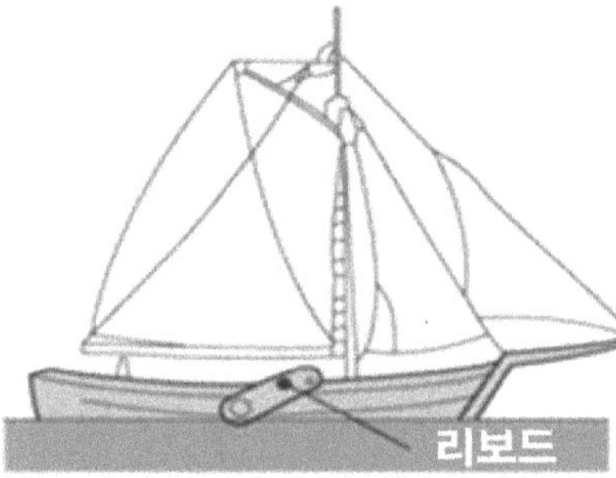	조류나 바람 등 외부의 힘에 의하여 가로방향으로 밀리는 것을 방지하기 위하여 저항판인 리보드를 좌우양현에 설치한 것
핀킬	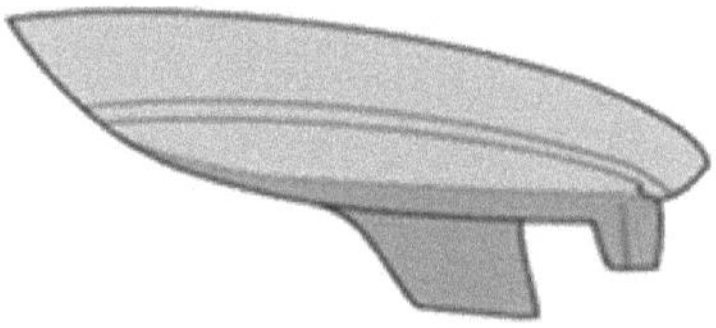	센터보드 대신에 선체 아래에 지느러미 모양의 금속체 중량물질을 고정시킨 것
헤비	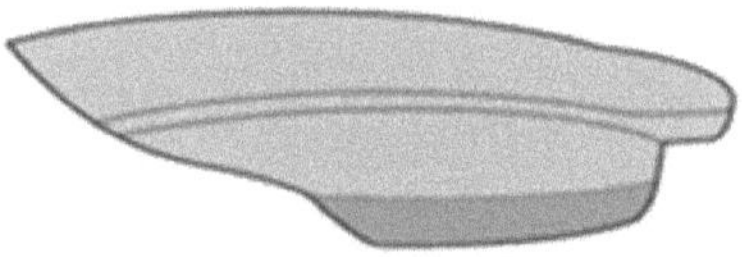	요트 하부에 철제 중량물질을 선체의 일부로 달고 있는 요트로 대형요트에서 많이 이용하는 것

<그림 2-5> 선저부 횡류방지 형태에 의한 분류

종류	모양	설명
센터 보드 킬	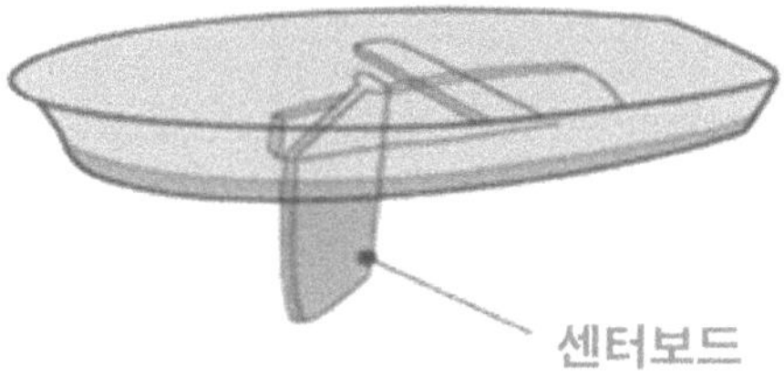 센터보드	선체 중앙부의 킬을 뚫어서 마음대로 올리고 내릴 수 있는 센터보트를 설치한 것
벌브 킬	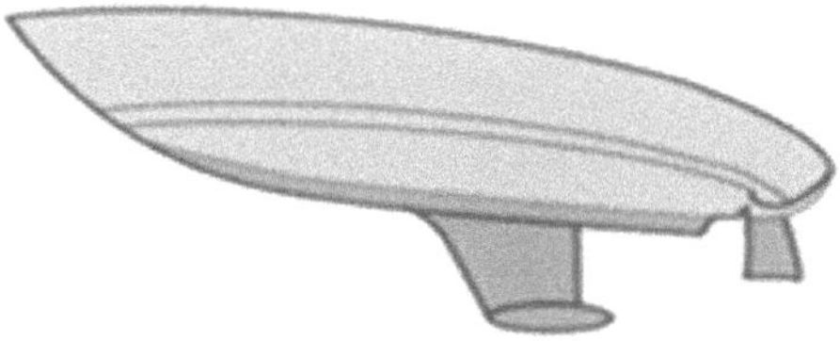	핀킬을 변형한 것으로 얇은 판 형태의 핀 자체를 밸러스트로 구성하고 판 하부에 포탄 모양의 벌브를 붙여서 복원성을 높인 것
트윈 킬	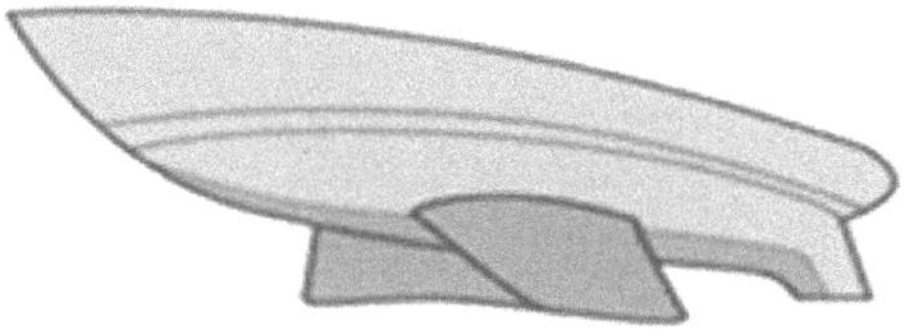	킬의 길이를 짧게 하여 선체를 육지 가까이 접안할 수 있도록 2개의 핀을 선체 중앙의 양현 선체 아래쪽으로 비스듬히 설치한 것으로 뻘이나 바닥에 도킹할 수 있도록 구성한 것
롱 킬	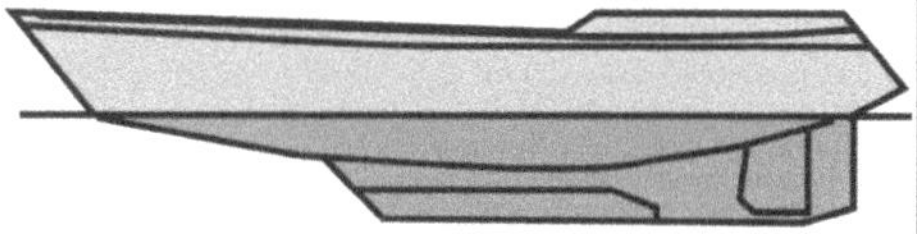	킬 자체가 저항체를 형성하는 전형적인 서양 범선에 해당하는 것

<그림 2-6> 선저부 횡류방지 형태에 의한 분류

3
CHAPTER

세일링 요트의 추진원리

3-1 세일의 특성과 공기 역학

3-1-1 세일의 공기역학

세일요트가 항주하는 것은 바람에 의한 세일이 받는 풍압(air press)과 양력(air lift)으로 구성된다. 통상 공기의 흐름은 풍상(weather side)과 풍하(lee side)로 나누어진다. 곡면이 다른 형상에 공기가 지나간다고 하면 곡면

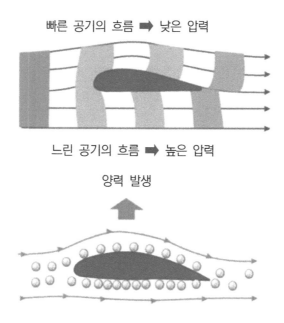

빠른 공기의 흐름 ➡ 낮은 압력

느린 공기의 흐름 ➡ 높은 압력

양력 발생

<그림 3-1> 공기의 흐름에 따른 양력 발생원리

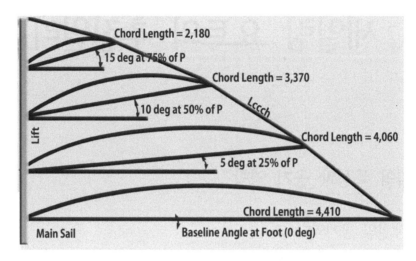

<그림 3-2> 메인세일 형상의 정의

이 긴 형상의 표면은 빠르게 공기가 흐를 것이고 압력은 낮아진다. 또한 곡면 현상이 짧은 표면은 느리게 공기가 흐를 것이고 높은 압력이 발생하게 되어 빠른 공기 흐름쪽의 곡면부는 근처의 공기유입을 가시화하기 위해 물체가 빨려 이동하는 양력이 발생하게 된다.

3-1-2 세일의 형상

세일링 요트의 추진성능은 바람을 받아 곡면으로 만들어 지는 세일의 형상에 따라 크게 달라지므로 세일 곡면의 비를 나타내는 캠버(camber)와 바람과 세일각도, 즉 양각과 세일의 상호 위치에 대한 이해가 중요하다.

세일 곡률의 깊이 즉 캠버를 보면 그 크기는 길이의 약 7 ~ 10%이고 높이의 위치는 바람을 받는 면인 러프(luff)로부터 약 1/3 정도의 위치가 좋다. 따라서 캠버 높이의 위치가 러프로부터 1/3 전에 오면 풍상항해의 맞바람에서 좋은 각도로 달리고 반대의 경우, 즉 바람을 빼주는 면인 리치(leech)쪽에 두면 경사가 커서 달리기 어렵다.

3-2 세일링 요트의 추진원리

3-2-1 세일링 요트의 양력과 균형원리

사실 비행기 보다 세일링 요트가 운항하는 것이 역사적으로는 먼저이지만 일반인이 이해하기에는 한계가 있다. 따라서 비행기의 이륙원리를 먼저 살펴보면 비행기 날개의 형상에 따른 곡면 상부면의 공기 이동현상에서 공동현상이 발생하는데 이때 상승부의 공기가 빠른 속도로 이동할 때 일어나는 공기의 힘을 양력이라 하고, 이를 활용하여 비행기가 상승하게 된다. 또 한 요트의 추진원리는 동일하게 발생하는데 세일의 형상에 따른 곡면부 전면의 유체이동현상에서 공동현상으로 전면부의 공기가 빠르게 이동할 때 일어나는 양력을 활용하여 맞바람을 맞을 경우 요트가 이동하는 동력으로 활용된다.

여기에 더해서 세일링 요트는 균형의 원리가 작용하게 되는데 바람에 의한 압력과 양력은 세일에서 받아 선체가 바람이 흘러가는 쪽으로 기울어지고 바람의 강도에 따라 일정하지 않게 기우는 폭이 변화된다. 반면에 선체의 흘수, 즉 물속에 잠긴 면적의 변화는 공기 중 세일의 바람영향에 대해서 바뀌게 되는데 어느 정도 기울어지면 다시 원상태로 복원되는 원리가 작용한다. 이는 선체 하부의 센터보드나 용골의 역할을 하는 킬이 영향을 주기 때

<그림 3-3> 비행기와 요트의 양력비교

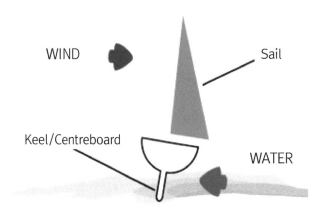

<그림 3-4> 세일링 요트의 균형

문이다. 공기와 물의 밀도 차는 약 1/1,000로 세일과 킬의 면적비는 크게 차이나지만 밀도 차에 의해서 옆으로 밀리는 작용을 방지하고 선체의 복원력을 유지시켜주는 힘이 상호 작용하는 것이다. 요트의 조종은 이러한 킬과 세일의 힘의 합력을 어느 정도 유지시키면서 경사시켜 항해하는데 상호 평행한 균형의 원리가 포함된다.

3-2-2 세일링 요트의 추진원리

세일링 요트는 공기중에서 세일에 작용하는 양력과 압력의 원리에 의해 추진 동력을 발생시키고 수중에서는 선체를 직립시키고자 하는 복원력과 옆으로 밀리지 않게 버텨주는 횡력의 방지장치인 킬에 의해서 다양한 힘이 분포하게 된다. 추진력 성분을 간단하게 정의하면 물속에서는 횡저항력을 받고 공기중에서는 양력과 압력을 받게 된다. 이렇게 두 개의 힘은 합력(전진력)으로 나타나서 세일링 요트가 가고자 하는 목적지로 항해하게 되는 원리가 작용한다. 이러한 공기와 물의 특성을 고려하여 경사된 선체의 균형을 유지시키고 최고의 세일형상을 의도적으로 만들어 가면서 항해하는 특성을 가지고 있다.

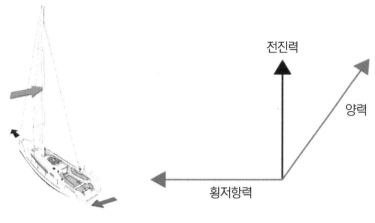

<그림 3-5> 추진력의 분류

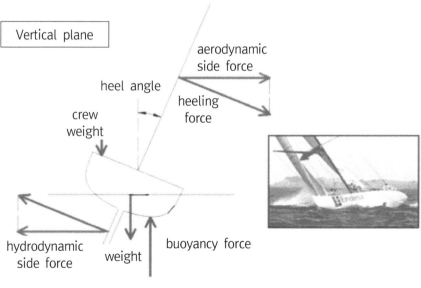

<그림 3-6> 세일링 요트에 작용하는 힘

일반적인 선박은 자체적으로 물위에서 운항하기 때문에 6자유도운동을 하게 된다. 전진과 밀림현상, 파도에 따른 상승과 하강현상, 선수방향이 좌우로 움직이고 선체가 선수 축을 중심으로 기울기도하며, 선복을 중심으로 앞뒤로 움직이는 복잡한 운동이 자연적으로 일어나게 된다. 세일링 요트는 이러한 기본 자유운동에 더해서 몇 가지 힘이 분포하게 되는데 세일링 요트를 항해한다고 가정하고 정면에서 보게 되면 그 힘의 분포나 성분을 이해하는데 이롭다.

선체를 뜨게 하는 성분인 부력은 배가 기울어지면 물속에 잠기는 면적의 중심점으로 그 때 그 때 수시로 변하게 된다. 또한 킬을 중심으로 요트의 무게 중심은 변하지 않는데 늘 부력과 상응하는 힘으로 서로 균형을 이룬다. 또한 돛대와 세일은 공기 저항력을 바탕으로 횡력이 작용하게 되고 물속에서는 횡력을 방지하는 킬에 의해서 유체이동을 잡아주는 유체 저항력을 발생하게 된다. 여기서도 세일에 발생하는 공기 저항력과 킬에 발생하는 유체 저항력은 균형을 이루는 역할을 하게 된다. 이러한 상호작용에서 선체가 기울어지게 되는데 이를 경사각도(heel angle)라하며, 이 경사각도가 너무 과하게 작용하지 않도록 크루들이 선체의 가장자리로 이동하여 무게중심을 더 확보해주는 행위를 하게 된다. 이처럼 세일링 요트는 일정하지 않는 바람과 파도 등 자연환경에서 즉각적으로 대응하는 행위를 통해 즐기는 해양스포츠로 흥미를 유발하게 된다.

3-2-3 세일링 요트의 복원력

해양레저 선박으로 모터보트와 세일링 요트를 비교하게 되면 선체의 규모에 비해 큰 동력을 기계의 힘으로 전달하며 그 반력을 운용하는 모터보트보다 세일링 요트는 운항 체계가 매우 상이하다. 먼저 선체의 크기에 비교해 매우 작은 소형엔진이 탑재되어 접안이나 이안을 할 때 활용된다. 거기에 주로 항해시에는 배 길이의 120%이상의 높은 돛대에서부터 펼쳐지는 세일력을 활용하여 이동하게 된다. 이러한 특징으로 요트는 경사각도를 가지게 되는데 일반인들이 이해하기 어려운 문제로 요트의 기본 복원력을 이해하지 못하기 때문으로 파악된다.

세일링 요트를 구조적으로 들여다보면 선체 무게의 약 20%에서 많게는 30%까지 무게 중심을 차지하는 킬이 장착되어 횡경사가 이루어져도 세일의 횡력을 제거하면 자연스럽게 직립하게 되는 원리로 쉽게 오뚜기 처럼 구성되었다고 보면 쉬울 것이다.

세일링 요트의 직립시 나타나는 현상이 그림 3-7 (a)로 킬에서부터 선체의 무게중심이 서로 일직선상에 위치하고 선체는 수직을 이루게 된다. 이러한 환경은 횡력과 풍압력이 서로 작용하지 않는 상태로 소형동력으로 이동하는 상황에서 나타나는 현상이다. 직립상황에서 횡력과 풍압력이 작용하는 그림3-7 (b)를 보게 되면 경사각이 존재하게 되고 선체의 무게중심은 변화 없지만 부력중심은 무게중심의 우측 외곽으로 자연적으로 이동하게 되고 기울어진 선체 내에는 무게 중심과 부력중심의 간격 즉 GZ값이 나타나고 복원모멘트가 발생하게 된다. 기울어지고자 하는 세일의 압력과 직립하고자 하는 무게중심은 서로 균형점을 찾고자 양립하게 되는데 이러한 상황의 조율은 온전히 세일링 요트를 운항하는 사람들의 역할에 있다고 하겠다.

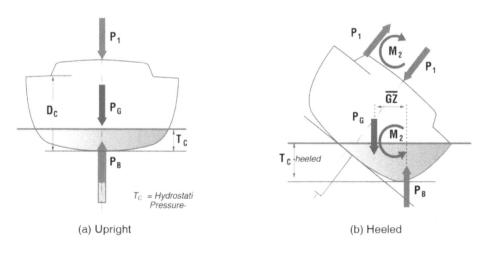

<그림 3-7> 세일링 요트의 복원력

　　따라서 직립을 원칙으로 하는 일반적인 선박보다 횡경사를 필수로 조정하는 세일링 요트의 복원력은 매우 우수하고 또 이러한 복원력은 세일링 요트의 안정성을 높이는 결과를 만든다. 선체 하부의 킬의 무게와 부력 및 선체 무게의 관계에서 세일링 요트의 설계에 따라서 복원성을 극대화하는 각도는 달라지게 된다. 보통 60°이상의 선체에서도 전복되지 않는 원리로 안정성이 유지되고 이론적으로 180°이상으로 기울인다고 가정해서도 선체 출입구에 물이 유입되지 않는다면 곧바로 원상태로 직립되는 점이 확인된다. 이렇게 선체의 안정성 면에서 횡경사는 세일링 요트의 특성을 잘 나타내는 것으로 일정한 경사도를 어떻게 유지시켜야 빠른 스피드를 얻을 수 있는지는 다양한 경험과 수많은 팀별 연습을 통해서 얻어지는 결과일 것이다. 선체가 파손되지 않는다는 가정하에 복원성의 극대화를 설계상으로 혹은 구조적으로 내포하고 있는 세일링 요트를 올바르게 이해하고 접근해야 할 것이다.

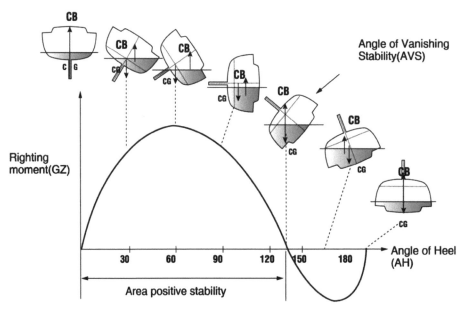

<그림 3-8> 세일링 요트의 안정성

세일링 요트의 구성

4-1 세일링 요트의 명칭

4-1-1 세일링 요트의 명칭

선박의 각부명칭을 알기위해 세일링 요트의 옆쪽에서 보게 되면 크게 요트 몸체라 불리는 선체(hull)와 몸체에 수직으로 세워진 돛대(mast), 바람을 받도록 만든 돛(sail), 돛대를 안전하게 고정시켜 잡아주거나 돛을 조절하는 많은 줄들과 리깅(rigging), 메인세일의 하부를 고정시켜주는 붐(boom), 선체아래에 무겁게 복원력을 키워주고 횡류를 방지시켜주는 킬(keel), 요트가 정확한 항로로 항해하도록 방향전환을 해주는 러더(rudder)로 이루어져있다. 또한 요트를 윗면에서 보게 되면 선체의 앞부분을 선수(bow)라 하고 선체 뒷부분을 선미(stern), 선체의 중앙부분은 선복(midship), 사람이 탈수 있도록 만든 공간을 콕핏(cockpit) 이라한다. 요트의 구성으로 봤을 때 일반선박과 똑같이 선미에서 선수 쪽을 바라봤을 때 오른쪽 면을 우현(starboard side), 왼쪽 면을 좌현(port side)이라고 한다.

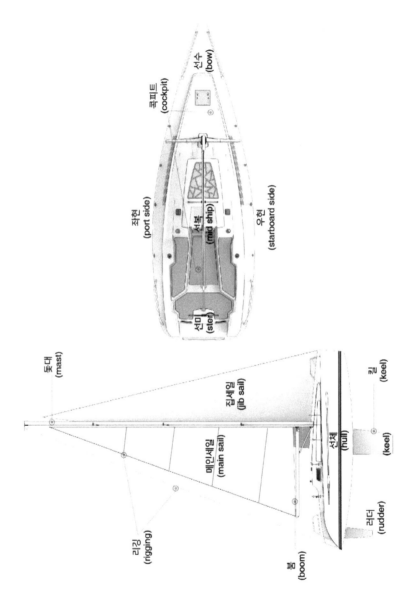

<그림 4-1> 세일링 요트의 구성

마스트

업 시라우드

포 스테이

스프레다

사이드 스테이

로우 시라우드

토핑 리프트

백 스테이

풀 핏드
해치
라이프 라인

붐 뱅
콕핏

스텐션
리깅 스크류
헤드세일 시트 트렉

스턴

메인시트 트레블러

헤드세일 시트 윈치

러더

프쉬 피트

킬(빌라스트)

<그림 4-2> 세일링 요트의 세부명칭

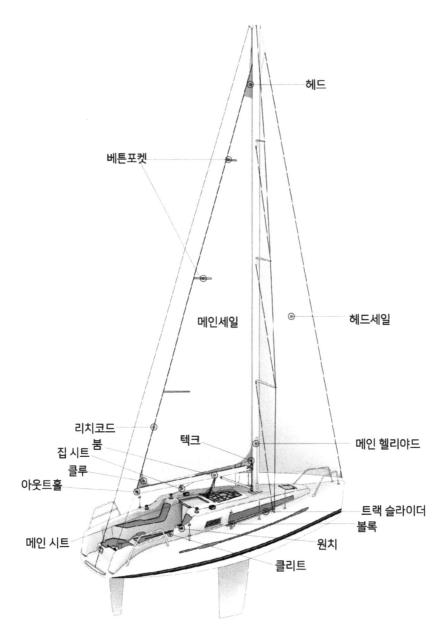

헤드

베튼포켓

메인세일

헤드세일

리치코드   텍크   메인 헬리야드
집 시트   붐
클루
아웃트홀   트랙 슬라이더
                                            블록
메인 시트   원치
                    클리트

<그림 4-3> 세일링 요트의 세부명칭

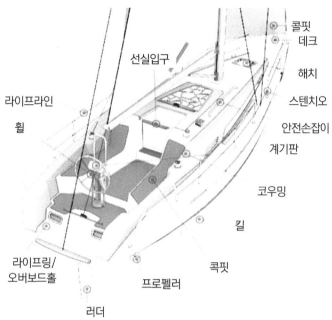

용어	해설
휠	러더를 움직이게 하는 조정간(자동차 핸들과 같다.)
라이프라인	플라스틱으로 둘러싸잉 아이어로 승정원이 밖으로 떨어지는 것 방지
콕핏라커	세일 시트와 펜더 등을 보관하는 곳
선실 입구	입구 안으로 물이 들어가는 것을 방지하기 위해 수직으로 만들어짐.
라이트링/오버보드홀	사람이 떨어졌을 때 사용하는 안전 장비
러더	평평한 조정 포일 틸러(딩기 러더를 움직일 때 쓰이는 것)나 휠로 조정하고 이는 배의 방향을 돌리는데 사용한다.
프로펠러	물에서 보트를 움직이는데 사용되는 프롤펠러
콕핏	휠 앞쪽으로 의자처럼 앉을 수 있게 생긴 부분(여기에 메인트리머, 잡트리머 등이 앉아 세이리링 한다.)
킬	선저에 위치한 무게가 있는 수직의 핀. 이 무게는 배 흔들림을 줄여주고 유속으로 선체가 옆으로 밀리는 것을 방지한다.
계기판	보트의 속도, 항해 거리와 수심에 대한 정보를 보여주는 전기 장치
안전 손잡이	손으로 잡기 위해 캐빈을 따라 만든 레일
스텐치온	라이프 라인을 지지하기 위한 막대
해치	세일을 넣고 빼기 위한 데크 여는 문
풀핏	선수, 선미에서 떨어지는 것을 방지하기 위해 금속으로 만든 레일
코우밍	콕핏을 따라 올라갈 벽

<그림 4-4> 세일링 요트의 세부용어

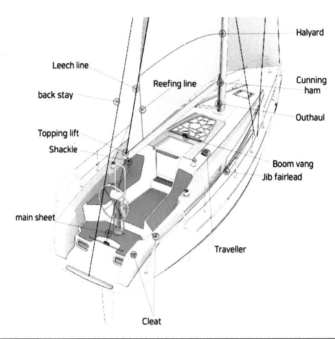

용어	해설
topping lift	세일이 내려갔을 때 붐을 올리는 라인이다
shackle	라인, 세일과 피팅을 고정하는데 사용하는 기구
main sheet	세일을 조절하는데 사용하는 라인
back stay	마스트의 기울기나 세일모양 조절 때 사용
cleat	힘을 받는 라인을 고정하는데 사용하는 도구
traveller	메인 세일의 움직임을 조정하는데 사용되는 트랙
jib fairlead	콕핏의 클리트까지 집시트를 연결하는 피팅
boom vang	메인 세일 리치와 방력을 조절하고 붐을 아래로 당기도록하는 블록과 태클로 이루어진 조절가능한 시스템
outhaul	세일의 풋을 클루 쪽으로 당기는 라인
cunning ham	메인 세일의 앞 부분의 텐션을 조정하는 라인으로 세일의 모양에 영을 준다.
halyard	세일을 올리거나 내리는데 사용되는 라인
reefing line	강풍에서 세일의 면적을 줄이기 위해 메인 세일의 아래 부분을 붐 쪽으로 당기는 데 사용된다.
leech line	세일의 뒷변(leech)dp 조절 가능한 선으로세일이 강풍 제어 리치가 흔들리는 것을 방지한다.

<그림 4-5> 세일링 요트의 세부용어

4-1-2 세일의 지식과 선택

　　세일은 요트의 기관이고, 실체가 없는 "바람"으로부터 배를 달리게 하는 힘을 끌어내는 추진기로서 그 성능을 결정하는 것은 형상(形象)이다. 따라서 형상을 결정하기 위해서는 세일의 재료와 구조, 그리고 설계와 제작법에 의해서 좌우된다고 할 수 있다. 이러한 세일의 기술개발은 소재, 설계법, 제작법의 3가지 부분이 제각각 상관성을 가지고 발전하여 큰 진보가 있었던 분야이다. 세일의 명칭을 크게 보면 메인세일(main sail), 집세일(jib sail), 스피네이커(spinnaker)로 구분된다. 메인세일과 집세일은 요트를 앞으로 나가게 하는 역할을 하며, 세일은 장력에 강하고 바람이 새어 나가지 않게 튼튼한 재질로 만들어 지고 부식이나 해수에 강해야한다.

　　집세일과 메인세일은 모두 삼각형의 형태를 가지고 있으며 바람이 들어오는쪽 면을 러프(luff)라 하고 바람이 흘러 나가는 쪽을 리치(leech)라 한다. 그리고 러프와 리치를 받치는 아랫면을 풋(foot)이라고 한다. 이렇게 삼각형의 면에 대해 명칭은 정해져 있고 삼각형의 꼭지점을 알아보면 러프와 리치를 맞대고 있는 마스트 상부의 꼭지점을 헤드(head) 혹은 피크라고 하고 러프와 풋이 만나는 지점의 꼭지점을 택(tack), 리치와 풋이 만나는 지점의 꼭지점을 클루(clew)라 칭한다.

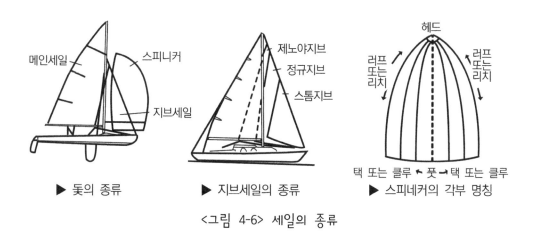

▶ 돛의 종류　　　　▶ 지브세일의 종류　　　　▶ 스피네커의 각부 명칭

<그림 4-6> 세일의 종류

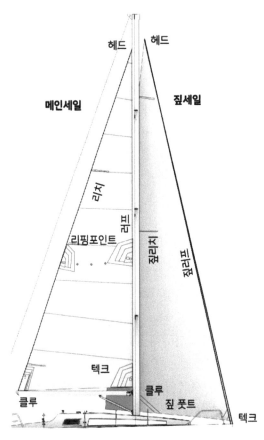

<그림 4-7> 세일의 세부명칭

　세일이 바람을 품고 있을 때 세일표면에 분포하는 장력은 택, 클루 , 헤드
의 각 귀퉁이로 집중되어 결국 3곳의 장력으로서 요트를 끌어당기는 것이
다. 따라서 세일의 각 부분은 이러한 장력을 이겨낼 수 있는 강도를 가져야
한다. 강도뿐만 아니라 늘어나는 것도 고려해야한다. 메인세일과 집세일에
주로 사용되는 좋은 재료는 신축성을 줄이는 작용의 특별한 코팅이 된 다크
론(Dacron)으로 폴리에스테르계통의 섬유인데, 요즈음은 옛날처럼 면포를
사용하지 않고 대부분이 폴리에스테르(Polyester) 계통과 케브라(Kevlar)등
의 합성섬유 원단을 사용하고 있다. 그 합성섬유는 생산하는 나라별로 이름
이 각기 다른데 미국에서는 다크론(Dacron), 영국에서는 데리렌(Terylene),

프랑스에서는 타-가르(Tergal), 독일에서는 디오렌(Diolen)으로 부르고 있다. 이 합성섬유는 결과적으로 탁월한 전진력을 만들어 내기 때문에 최근에 많이 사용되고 있고, 사용 환경 상 강한 방수성과 형이 뒤틀리지 않는 것과 곰팡이가 생기지 않기 때문에 얼룩질 염려가 없어서 젖은 채로 넣어 두거나 백에 격납할 수 있어서 편리하다. 또한 스피네이커 천은 폴리에스테르 섬유로 만들지 않고 나일론으로 잘 알려진 가볍고 신축성이 좋은 폴리아미드(Polyamide)섬유를 사용한다.

한 가지 문제점은 자외선에 약하다는 것인데 장시간 햇볕에 노출시키면 원단자체가 많이 상한다. 그리고 그 짜임 방식들이 무게에 영향을 주는데 좀 더 무거운 원단은 무거운 부하를 가지고 신축성이 작아진다. 레이저와 같은 작은 딩기급 요트는 4온스 원단으로 만들어지고, 30피트 급의 크루저 세일링 요트는 6온스짜리 메인세일과 3온스, 5온스의 작은 집 세일을 갖춘다. 큰 제노어는 0.5에서 2온스의 원단을 쓴다.

이상은 일반적인 크루저의 세일에 대한 것이고 반면에, 고성능 레이서는 케브라(Kevlar)와 카본(Carbon)과 같은 극단적인 저신축성의 섬유로 된 세일을 사용한다. 이것들은 세일조각을 서로 이어 만드는 것이 아니라 일정한 틀에서 만들어진다. 이런 높은 수준의 세일은 아메리카스 컵 레이스에서 선보이는 산뜻한 갈색이나 검은색 세일이 바로 그것이다. 무게는 다크론 보다 훨씬 가볍고 가격은 훨씬 더 비싸다. 그런 특별함 가운데서도 특히 섬유의 재질은 부서지거나 깨지기 쉽고, 다크론 보다 빨리 세일 형상을 잃어버릴지도 모른다. 항상 조심스럽게 다루어야 하며 아주 잠시라도 세일을 펄럭거리게(Shiver) 해서는 안 되고, 강풍일 경우 가벼운 세일의 사용은 피해야 한다. 자외선이 나일론과 마찬가지로 인조섬유를 약하게 만들어 버리기 때문에 사용하지 않을 때에는 가방속이나 세일커버 아래의 서늘한 곳에 보관해야 한다. 물론 다른 물건들과의 접촉으로 마모되는 것을 피해야 하며 그것을 치우기 전에는 세일을 펴지 말아야 한다. 세일의 제작은 예술의 일부분이고 과학의 일부분이다.

케브라 세일은 컴퓨터를 사용해 그것을 자르는 고도의 기술적인 재료들을 사용하는 반면에 세일 제작자들은 전통적인 수작업으로 세일을 만드는데 의

존하고 있다. 단단한 스텐, 구리, 알루미늄 등의 덧테쇠(Cringle)는 클루
(Clew), 헤드(Head), 택(Tack)에 끼워 넣고, 메인세일의 푸트, 러프, 그리고
집의 러프를 따라서 이어지는 다크론 볼트 로프는 조심스럽게 원단에 꿰매
야 한다.

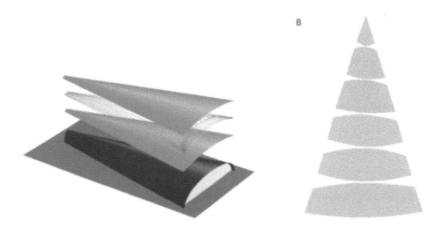

<그림 4-8> 3차원 세일 메이킹 시스템(3DL) 세일과 범용 세일의 제작 개념

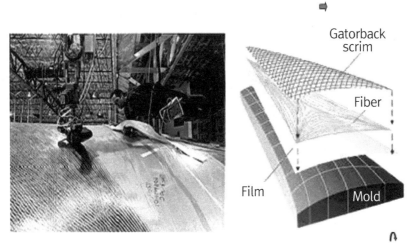

<그림 4-9> 3DL 세일 제작과정

❖ 메인 세일(main sail)

메인 세일은 그 이름대로 메인으로 되는 세일이어서 요트를 운항할 때나 경기를 할 때 규칙에도 1장밖에 사용이 인정되지 않는다. 그 때문에 모든 상황에 사용하도록 대비하고 더욱이 마스트나 붐이라는 리그에 떠받쳐 있어서 어느 정도 무거운 천으로 만들어져 있다. 메인 세일은 바람이 세어지면 축범을 통해 면적을 작게 해서 사용한다. 그 메인도 펼칠 수 없게 되었을 때에 사용하는 것이 트라이세일(Trysail)이다. 그 외에도 각종의 스테이세일(Staysail)이 있고 또 세일요트의 의장에 따라서 특수한 세일도 있다. 그러나 최근의 슬루프 리그(Sloop Rig)의 요트에서는 한장의 메인 세일을 사용하는 것이 일반적이다.

❖ 집 세일(jib sail)

집 세일의 각부 명칭은 메인 세일과 비슷하다. 집 세일은 그 크기에 따라 스톰 집(storm jib), 정규 집(regular jib), 제노아 집(genoa jib)으로 구분된다. 일반적으로 정규 집을 많이 사용하며, 스톰 집은 강풍일 때 표면적을 줄이고 제노아 집은 바람이 약할 때 표면적을 높이기 위하여 사용한다.

경기에 나가는 요트의 대부분은 몇 개의 세일을 가지고 있고 그것들을 풍속에 따라서 나눠 사용하고 있다. 풍상으로 요트를 올려서 운항할 때는 집 세일의 선택에 실패하면 절대로 속력을 얻을 수가 없다. 또 스피네이커도 풍속, 풍향에 따라서 여러 종류가 있고, 역시 그것들을 분류해서 사용하고 있다. 우선 집세일의 종류를 살펴보면   다음과 같다.

- No.1 Light(150%)
- No.1 Medium(150%)
- No.1 Heavy(150%)
- No.2(135~145%)

- No.3(95~109%)

- No.4(80~85%)

- Storm Jib 1장

( )내에 나타낸 백분율(%)은 집의 L.P.G가 J의 몇 퍼센트로 되어 있는가를 나타내어 주고 간단히 말하면 세일의 크기를 나타내고 있다고 생각하면 좋다. IOR, IMS등의 경기 규칙에서는 150% 이상의 집에서는 큰 벌점이 부과되고 있다. 그 때문에 그보다 큰 세일을 사용한다고 해도 세일을 크게 해서 얻는 장점보다도 벌점 쪽이 크기 때문에 통상 150%가 최대의 집으로 되어 있다. 또 세일원단의 두께를 나타내는 방법에는 Light, Medium, Heavy라고 구별할 수 있다. 라이트는 가장 가벼운 미풍 쪽이고, 헤비는 가장 두껍고 견고한 천을 사용한 세일이며, 미디엄은 그 중간의 천을 사용한 것이다. 바람이 약할 경우 두꺼운 천을 사용한 제노어를 전개해도 세일 자체의 무게로 쳐져 내리고 만다. 기대한 만큼 세일 모양이 안 나온다. 역으로 바람이 강할 때에 얇은 천의 제노어를 사용하면 강한 풍압 때문에 세일 천이 늘어나고 만다. 마찬가지로 좋은 형상을 만들 수가 없을 뿐 만 아니라, 찢어지는 수도 있다.

제노어라고 하는 것은 LPG가 110% 이상으로 메인 세일과 겹쳐있는 집을 말한다. 스핀도 마찬가지로 몇 개의 종류가 있다. 우선 No.1 제노어처럼 세일 천의 두께 차가 있고 그 천의 단위면적당의 중량 onz(28.35 g, 1/16 pound)단위로 사용된다. 통상 사용되는 가장 가벼운 스핀은 0.5 onz로 다음이 0.75 onz 그리고 1.5 onz로 되어 있다. 당연히 가벼운 스핀은 미풍 쪽이고, 무거운 스핀은 강풍 쪽이다. 강풍 쪽의 스핀은 단순히 두꺼운 천을 사용할 뿐만 아니라, 그 면적도 조금 작게 되어 있다. 스핀은 또 풍속뿐만 아니라, 풍향에 따라서 형상이 다른 스핀이 있고 겉보기 풍향에 따라서 나누어 사용하기도 한다.

4-1-3 돛대(마스트:mast) 및 리그(rig)

세일은 요트의 기관이라고 할 때 마스트는 그 기관은 지탱해 주는 기둥이다. 마스트(mast), 붐(boom), 리깅(rigging)을 통상 리그(rig)라고 부르는데 세일링 요트가 일반적인 선박과 가장 두드러져 보이는 부분이다.

마스트와 붐은 세일을 고정시키고 형태를 유지할 수 있도록 하는 중요한 부품이다. 세일링 요트를 제작할 때 초기의 재료는 기술적으로 숙성되지 못해 주로 목재를 사용하였으나 20세기 초 이후에는 금속 합금기술의 발달로 단위면적당 굽힘 강도나 변형이 적은 형태의 구조, 즉 가볍고 강성이 높은 속이 빈 형태의 금속제 마스트와 붐이 합금재료를 바탕으로 제작 보급되었

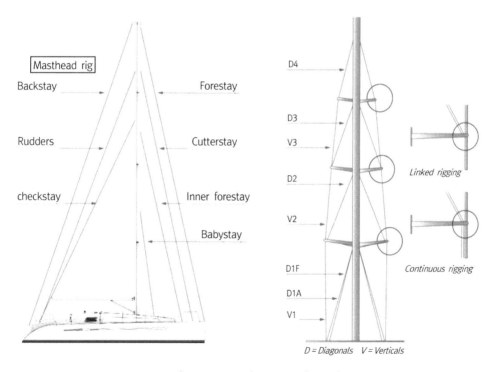

<그림 4-10> 리깅의 세부적 구성

다. 이러한 마스트와 붐은 가볍고 두께가 얇아 바람의 저항을 적게 받을 뿐만 아니라 기상의 상태에 따라 마스트의 휨을 조설하여 세일의 형태를 이상적으로 유지하도록 할 수 있게 되었다.

❖ 어퍼 슈라우드(upper shroud)

어퍼 슈라우드는 마스트를 지탱해주기 위해 선폭의 위치에서 잡아주는 와이어에 해당하며 사이드 스테이로 마스트의 맨 위에서 밑에 까지 연장되어 있는 가장 긴 스테이로 경기정이나 큰 요트에서는 불연속 리깅이라 해서 각 스프레더 사이에서 나눠져 있다. 이렇게 하는 것은 마스트의 꼭대기로 올라감에 따라서 크기를 줄이는 리깅을 사용할 수가 있고, 이는 경량화 성능의 향상을 가져온다. 불연속 리깅은 스프레더 앤드로 조여져 있고 어퍼 슈라우드는 선체 갑판 위에서 수직으로 솟아올라 있기 때문에 버티칼이라 불린다.

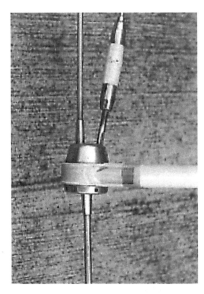

<그림 4-11> 어퍼 슈라우드

❖ 로워 슈라우드(lower shroud)

로워 슈라우드는 마스트의 가장 아랫부분을 비스듬히 지탱하고 있는 리깅으로 뒤로 V자 형태를 가지고 있는 스윙 백 스프레더를 가진 리그에서는 마스트 정횡의 위치보다 약간 뒤쪽으로 당겨져 있다. 슈라우드의 펼친 방향이 비스듬하게 되어 있어서 대각선(diagonal)이라고도 불려지고 있다.

❖ 포어스테이(forestay)

포어 스테이는 마스트의 상부에서 선수에 고정되는 와이어를 말하며 헤드 스테이(head stay)라고도 한다. 또한 마스트를 앞 방향에서 지탱하기 때문에 이것이 끊어질 경우 마스트가 부러지는, 즉 디스마스트 위험에 처하기 때문에 설치 부분이나 하운즈(hounds) 부분의 점검을 철저히 해야 한다.

❖ 백 스테이(back stay)

백 스테이는 마스트 상부에서 선미에 연결되는 와이어로서 퍼머넌트 스테이(permanent stay)라고도 한다. 소형요트에서는 세일을 크게 하고 붐이 걸리지 않게 하기 위하여 사용하지 않는 경우가 있다.

❖ 마스트 칼라(mast collar)

갑판에서 마스트를 보조하고 있는 부분으로 칼라와 마스트 사이는 데르린이라는 엔지니어링 플라스틱이나 딱딱한 고무, 내지는 쐐기를 사용해서 마스트의 위치를 정하고 볼트 등을 사용하여 단단히 고정하여야 한다. 데크에 마스트가 관통하는 경우에는 이곳으로 해수나 빗물이 선실 내로 들어오기 때문에 패킹을 정확하게 하여 완봉(shot out)해야 한다.

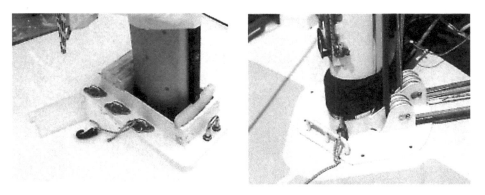

<그림 4-12> 마스트 칼라와 패킹

❖ 마스트 스텝(mast step)

마스트 스텝은 마스트의 최하단부 레이크(rake)나 밴드(band)의 조절을 하기 위해서 어느 범위 내에서 움직이도록 되어져 있다. 물론, 조절 때에만 스토퍼를 해제하고 일반적으로는 견고하게 고정시켜 두어야 한다. 튜닝 시에 표시를 해두면 수정의 기준이 될 수 있고, 만일 틀어짐이 발생했을 때는 즉시 발견할 수 있다. 경기를 진행하거나 크루징을 할 때 여기가 어긋나면 디스 마스트가 될 수도 있으므로 철저하게 관리되어야 한다.

<그림 4-13> 마스트 스탭

❖ 마스트 탑(mast top)

일반인 들이 보통은 볼 수 없는 것이 마스트 탑이며 풍향계(윈덱스 게이지), 항해등(3색등), 무선안테나, 그리고 풍향 풍속계의 센서(sensor)가 설치된다. 요트의 가장 높은 장소인 만큼 경기정에서는 상당히 신경을 써서 경량화 시켜야 하며, 각 파트를 작게 하기 위해 최근에는 카본 등을 사용하기도 한다.

<그림 4-14> 마스트 탑

❖ 스프레더(spreader)

스프레더는 마스트의 윗부분에 양현쪽으로 뻗은 작은 지지대를 말하며, 슈라우드가 이막대의 양끝을 지나 마스트와 선체의 양현에 지지 되므로 스프레더는 마스트가 부착된 각도에 따라 마스트의 휨을 조절하는데 용이하다.

구체적으로 스프레더는 양현의 시라우드와 마스트의 접하는 각도를 벌려주어 마스트를 안정시켜주는 역할을 하게 되고, 스프레더가 마스트의 정횡이 아니라 후방으로 뻗어진 스윙백의 경우 마스트를 밴딩시켜주는 역할을 가지고 있다.

<그림 4-15> 스프레더

❖ 리그의 유형

리그는 사용목적에 맞게 간단하고 안전하며 실용적으로 설계되어 장착되어야 한다. 대표적으로 사용되는 것이 마스트 헤드 리그와 킬 스텝 마스트 (keel stepped mast)가 있다. 이것의 장점은 프랙셔널 리그보다 핸들링이 쉽고 레이팅을 고려하지 않는 다면 높은 성능을 얻을 수 있다. 대표적으로 킬스텝이면서 스프레더가 두 개인 마스트는 중량을 최소화 할 수 있는 장점이 있어 성능강화에 이상적이다.

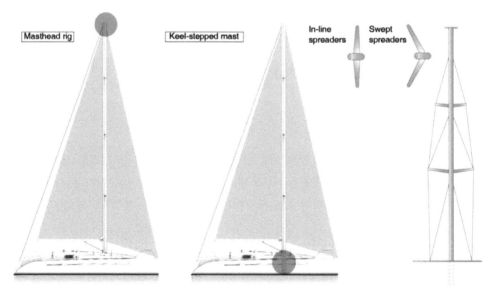

<그림 4-16> 다양한 리그타입

❖ 마스트(mast)와 붐(boom)의 형태

붐은 마스트와 같이 바람을 직접 받는 부분이 아니기 때문에 그 모양이나 크기가 유체역학적으로 큰 문제가 되지 않는다. 따라서 경기정에서 붐은 가능한 가벼운 것이 이상적이며, 약간의 유연성이 있는 것이 세일의 형상을 조절하는데 효과가 있다.

또한 세일링 요트는 바람을 추진력으로 사용하기 때문에 바람의 힘을 추진력으로 바꾸기 위해서는 세일의 작용력이 필요하다. 이 작용력을 선체에 전

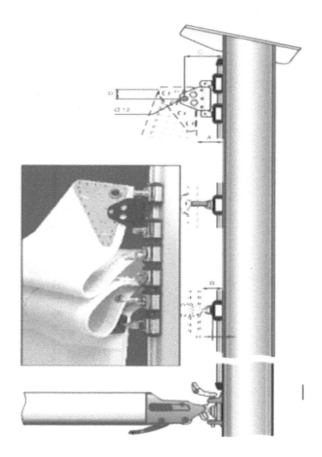

<그림 4-17> 마스트와 그루브 형태

달하는 역할을 하는 것이 마스트와 붐이라고 할 수 있고, 이 두 장치는 바람을 보다 많이 받기 위해서 높을수록 이상적이다. 하지만 동시에 세일링 요트의 복원력을 손상시키지 않기 위해서는 가벼워야 하며 원통재는 이러한 특수성을 해결한다.

최근에는 알루미늄 합금제의 파이프가 많이 사용되며 세일을 장착하기 위해서 그루브(groove)를 가지고 강도와 강성, 바람저항을 고려한 형상의 압축 물로써 내식성과 강도를 고루 갖춘 형태를 취하고 있다.

붐은 메인세일의 아랫부분(foot)을 지지하는 원통으로 메인세일은 붐 위쪽의 그루브에 볼트로프를 통해서 조립되어진다. 붐은 후단부근의 메인 씨트와 붐뱅에 의해서 조작된다. 메인세일의 형상을 조절하기 위하여 후단에 장치된 아웃홀(out haul)이나, 바람이 강해져 세일을 줄일 필요가 있을 때 사용하는 축범 장치가 조립되어있다. 또한 붐은 좌우로 회전함과 동시에 상하로도 조금 움직이기 때문에 마스트 쪽의 접속은 구즈넥(goose neck)이라 불리는 일종의 유니버설 조인트를 사용한다.

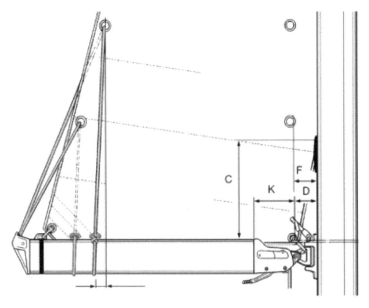

<그림 4-18> 붐과 세일의 조립형태

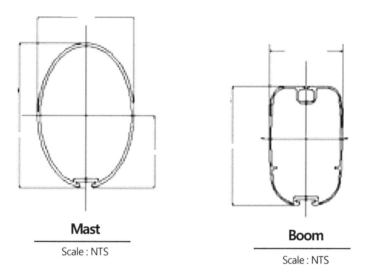

Mast
Scale : NTS

Boom
Scale : NTS

<그림 4-19> 크루징 세일링 요트의 마스트와 붐 단면형상

❖ 붐뱅(boom vang)

붐뱅은 메인 세일의 아랫부분인 풋을 조절하는 장치로서 풍상범주나 풍하 범주에서 세일에 트위스트를 주거나 말려 올라가는 것을 방지한다. 또한 리 핑을 할 때는 세일 작동을 쉽게 해줄 뿐만 아니라, 붐이 조종실로 쳐지거나 내려지는 것을 방지한다. 그리고 킥킹 스트랩(kicking strap)의 지렛대 작 용을 배가시켜주어 크루징이나 레이싱에서 효과적으로 작동하도록 한다.

<그림 4-20> 콕피트에서 조절하도록 설치된 붐뱅

❖ 집 펄링 시스템(jib furling system)

세일링 요트에 있어 집 세일을 올리고 내리는, 즉 범장과 해장에서 포스테 이에 장착되는 집세일은 고리로 된 헹크스 방식과 홈에 세일을 끼워 올리 는 포일방식 등으로 나뉘는데 포일 방식의 편리성을 더욱 높이기 위한 방 법으로 감아 돌리는 펄링 방식을 편리하게 사용하게 된다. 이는 1983년에 처음 소개되었는데 현재는 거의 모든 크루징 요트에 이것을 장착하고 있다. 집 펄링 시스템은 헤리어드 하중인 수직력과 비틀림으로 인한 토션이 동시 에 일어나며 양쪽 모두 선원에 의해서 결정된다. 토션은 세일을 부분적으로 감고 세일링 할 때 발생하게 되는데 세일링 요트의 복원력과 관련이 있는 시트의 하중은 얼마나 토션이 크게 일어나는가에 의해 좌우된다.

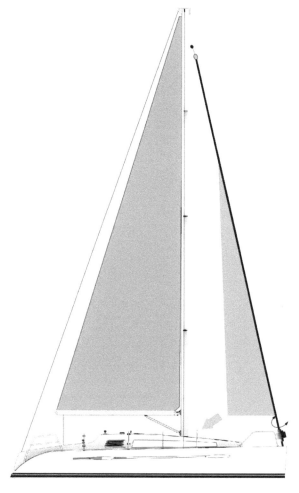

<그림 4-21> 크루징 세일링 요트의 집 펄링 시스템

따라서 세일링 요트의 유형도 매우 중요한데 집세일과 메인세일이 마스트 헤드와 만나게 되는 마스트 헤드스타일 리그는 집세일이 메인세일 보다 아래에 위치하는 프렉셔널 리그보다 전부 세일에 상대적으로 더 큰 하중을 받는다.

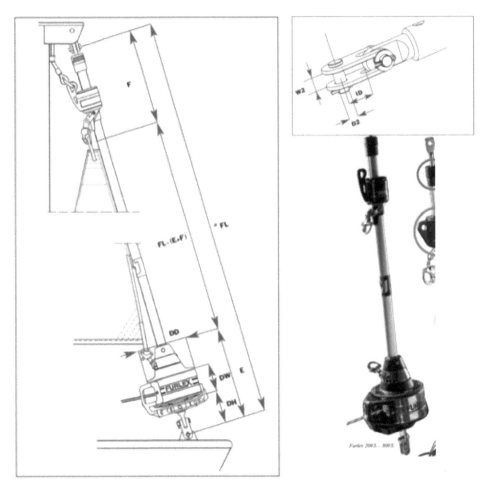

<그림 4-22> FURLEX사의 집 펄링 시스템

4-2 부가물의 종류와 구성

4-2-1 세일링 요트의 항해 장치

세일링 요트의 항해 계기에는 여러 가지의 종류가 있지만 주로 세일링 요트에서 가장 중요한 나침의(magnetic compass), 풍속측정기, 정속계기를 들 수 있다. 풍속계기는 마스트 꼭대기에 있는 풍견 유니트가 겉보기 바람을 계측해서 갑판상의 표시기에 수치를 표시해 주는 장치이다. 다른 하나인 선속계기는 선저에 달리는 스피드센서로 선속을 읽어 들여서 갑판상의 표시기에 수치를 동일하게 표시하고 있다. 이외에도 GPS를 들 수 있는데 GPS는 현재 위치뿐 만 아니라 미리 목적지를 해도 등에서 읽어 들여서 입력해 둘 수가 있다. 그리고 현재위치에서 목적지까지의 거리와 도착예정시간 등도 연산처리해 주기 때문에 장거리 경기나 크루징을 할 때 대단히 편리한 존재이다. 또 연안의 짧은 경기에서도 비나 안개 따위로 시계가 나쁠 때는 마크의 위치를 찍어두면 침로설정에 아주 유리할 것이다.

❖ 나침의(compass)

세일링 요트의 항해장비로서 가장 중요한 것은 콤퍼스이다. 콤퍼스는 항해의 기본일 뿐만 아니라 세일링에 있어서 바람의 변화를 읽기 위해서도 중요하다. 요트를 조종할 때 항상 보고 있기 때문에 장치의 설정위치가 보기 쉽게 되어야하며, 이는 세일을 조절하는 크루도 인식하기 쉬운 위치에 있어야 한다. 세일링 요트의 콤퍼스는 대각도로 경사한 채 범주를 계속하기 때문에 항상 수평을 유지하도록 되어있다. 이 기능을 이용해서 경사계의 역할을 대신하기도 한다. 특히 콤퍼스는 자력에 영향을 받으므로 이 주위에는 철물이나 기타 자계에 영향을 미칠 수 있는 물건들로부터 떨어져서 설치할 필요가 있다.

<그림 4-23> 캐빈 캐슬 후부의 양현에 설치된 벌크헤드 설치용 나침의

❖ 속도계(speed)

선속은 주로 대수속도를 말하고, 선저를 따라 흐르는 물의 빠르기를 수차의 회전으로 계측한다. 수차의 회전은 전기 펄스로 변환되어 전기회로에 의해 선속, 거리를 계산한다. 수차를 사용하지 않고 자력선을 물에 통과시켜서 속도를 측정하는 것도 있다. 수차는 선저바닥에서 10 mm 정도밖에 돌출되어 있지 않기 때문에 속도가 마찰로 늦어진 경계층 가운데 있게 되고, 또한 선형에 따른 유체의 방향과 유체 속도의 변화도 있기 때문에 실제로 판명되어 있는 거리를 달려보고 오차를 수정한다.

<그림 4-24 > 속도계

❖ **풍향, 풍속계(wind gauge)**

풍향 풍속은 세일링 요트에서 아주 중요한 정보이다. 마스트 꼭대기에 풍속을 측정하는 풍차와 풍향을 측정하는 풍견이 장착되어 있고, 이를 측정하기 위한 센서가 설치되어 있다. 일반적으로 정도가 요구되는 풍상에 있어서 마스트나 세일의 영향을 최소화 하기 위해 별도의 지지대를 앞쪽으로 설치해 사용하는 경우가 많다. 센서로 부터 얻어진 정보는 전기신호로 바뀌어서 마스트 속으로 배선된 신호선을 따라 전달된다. 풍향지시기는 바람의 방향을 시각적으로 읽어 내어 태킹이나 세일의 트림에 아주 적절하게 사용하게 되고 하부에는 반사체가 붙어 있어 야간에도 하방의 전구로 인해 잘 보이도록 설치된다.

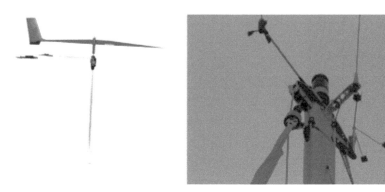

<그림 4-25 > 마스트 헤드의 풍향 풍속계

❖ **경사계(inclinometer)**

경사에 따라 풍향계가 계측한 풍향 풍속은 실제의 바람과 다르게 된다. 이 때문에 경사 각도를 전기신호로 교환하는 경사계를 사용하지만, 사람이 관측하기 위해서는 진자식이나 볼식의 경사계를 사용한다. 대부분 조정실 전면 즉 갑판통로 입구에 장착하여 스키퍼의 시야에서 쉽게 확인하도록 장치되어 있다.

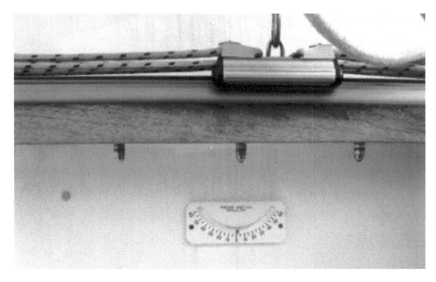

<그림 4-26> 경사계

❖ GPS

GPS는 동시에 복수의 위성으로부터 전파를 받아서 항시 대단히 높을 정도
로 자선의 위치를 매초 1회 비율로 계산해서 출력한다. 이정보는 항적으로
플로터에 나타내는 것이 가능해 한 분으로 자선의 위치를 파악할 수 있을
뿐만 아니라 시시 각 각의 변화를 계산해 냄으로써 대지속도와 대수속도
등을 계산해 낼 수 있다.

<그림 4-27> GPS

❖ 항해등

20미터 미만의 세일링 요트는 야간에 마스트 꼭대기에 결합된 삼색등을 설치해야한다. 동력을 사용 중인 요트는 적어도 현등의 1미터 위에 마스트 헤드등을 설치해야하고 12미터 이하의 세일링 요트가 기주 중일 때는 선미등과 마스트 헤드등과는 별개로 하나의 전 주위를 비추는 백색등으로 대신할 수 있다. 세일링 요트의 등화 설치는 갑판상의 현등과 선미등 그리고 마스트 중간의 마스트 헤드등이 설치되고 작은 요트가 거친바다를 범주 할 때는 마스트 헤드에 설치된 삼색등이 갑판주위의 항해등보다 훨씬 시인하기가 쉬우므로 마스트 꼭대기에 삼색등과 전주위를 비추는 백색등을 설치하여 야간 시인성을 높인다.

4-2-2 세일조절 장치

세일은 시트, 헬리야드 그리고 포어스테이나 백스테이의 장력 조절에 의한 마스트의 밴딩이나 포어스테이의 새깅량을 조절함으로써 그 포퍼먼스를 이끌어 내는 것이다. 이러한 세일의 기본적인 조절은 인력을 사용하게 되지만 요트가 대형화됨에 따라서 그 리그의 구조도 커져 고패장치나 윈치, 유압장치 등을 그 용도에 따라 사용하는 것이다. 또한 그 보조적인 장치로서 붐 뱅이나 트래블러 장치 및 리딩 블록의 위치를 바꾸기 위한 트랙, 클리트와 같은 피팅들이 그 조작의 신속성과 안전성을 위해 여러 가지 유형의 것들로 나뉘어 사용된다.

세일 조절장치의 사용을 용도별로 대별해 보면 첫 번째로 메인 세일의 조절, 그리고 집세일, 스피네이커의 조절 순으로 들 수 있을 것이다.

❖ 메인 세일 조절장치

메인 세일은 풍상범주를 할 경우는 선체의 중심선 가까이 당겨 들여지고 풍하범주 시에는 중심선과 거의 직각이 되도록 내어주게 된다. 풍상향의 크로스홀드인 상태의 메인 세일은 최대한의 양항비를 끌어내기 위한 세일의 형상을 조절하기 위해 메인시트, 아웃홀, 커닝햄, 헬리야드 등의 조절과 마스트 밴드를 유도해 낸다. 풍하범주에서의 메인 세일은 붐이 말려 올라가는 것을 방지하기 위하여 붐뱅을 사용하여 세일의 형상을 유지시킨다.

❖ 집 세일 조절장치

집 세일은 풍속에 따라 제각기 다른 크기와 강도에 맞는 여러 장이 사용되거나, 집 펄링 시스템의 사용과 같이 그 면적을 조절함으로서 대응하는 방법이 있다. 세일의 조절은 기본적으로 두 가닥의 집시트를 당기거나 내어줌으로서 세일의 영각을 조절하며, 세일의 형상은 집트랙의 시트리더 위치를 움직여 조절한다. 이 시트의 조절은 통상적으로 양현의 주 윈치를 사용한다.

❖ 스피네이커 세일 조절장치

스피네이커의 조절은 3지점의 유지에 의한 풍압에 의해서 추진력을 얻는 것이다. 따라서 풍상측의 택에 설치되는 스핀폴과 시트에 의해서 조절이 되며 이 스핀폴은 포어가이(fore guy), 에프터가이(after guy)의 조절에 의해 유지된다.

❖ 윈치(winch)

메일 세일과 집 세일, 스피네이커 세일을 조절하기 위해 우선 대표적으로 자주 사용하는 것이 윈치이다. 윈치는 오른쪽으로 감는 특성이 있으며 바람과 세일에 받는 힘의 양에 따라 감는 횟수가 늘어나고 줄어들게 된다. 또한 세일링 요트 위에 설치할 적절한 크기의 윈치는 여러 가지 요인에 의해서 결정되는데 크루에 따라 힘쓰는 정도도 다르고 각각의 요트는 각각의 다른 목적으로 사용될 수가 있다.

큰 집 세일인 제노아세일이나 스피네이커 세일의 시트를 조절하는데 주로 사용하는 주 윈치는 각 각 시트의 부하를 견딜 수 있는 크기를 택하며 메인 시트를 충분히 조절할 수 있다. 따라서 주 윈치 크기는 전부세일 최대면적 100%로 볼 때, 상한크기 150%까지 예측하고 장착하게 된다.

<그림 4-28> 갑판에 설치된 주 윈치

<그림 4-29> 갑판에 설치된 보조 윈치

선체 후면부나 스타보드 및 포트 임무를 수행하는 크루의 위치에 설치되는 주원치와 달리 보조원치(secondary winch)는 스피네이커 세일의 헬리어드 장력을 견딜 수 있도록 선택하게 된다. 메인세일을 올리거나 스피네이커 세일을 올리고 내릴 때의 장력을 이겨낼 정도로 튼튼해야 한다.

❖ 트래블러(traveller)

트래블러의 주요 역할은 세일의 형상을 미세하게 혹은 급격하게 조절하는 것이다. 그러기 위해서는 하중이 걸리더라도 간단하게 조절할 수 있는 볼베어링 트래블러 카가 장착되는 것이 일반적이다. 메인세일을 내려 주거나 붐을 조절하기 위한 지렛대 역할과 높이 조절이 용이하도록 하기 위한 작용도 트래블러의 임무이다.

<그림 4-30> 갑판에 설치된 트래블러

❖ 제노아 및 집 트랙(genoa & jib track)

제노아의 리드각은 제노아를 조절할 때 매우 중요한 요소이다. 이것은 기계적 작동을 하는 장치를 가짐으로서 조절이 쉬워진다. 보통 두 종류의 트랙을 설치하게 되는데 이러한 트랙의 위치를 조절하는 카 장치는 다양하게 보급되어 있다. 시트 한 줄을 당김으로서 트랙상에서 집 클루(jib clew)의 리드위치를 앞뒤로 간단하게 움직일 수 있다. 레이스를 즐기는 경우는 바람이 바뀌면 세일의 형상을 바꿀 수 있는 장치를 사용한다. 크루징 세일링 요트의 경우 롤러 펄링 장치를 사용하여 세일을 감거나 풀 때 트랙 카를 신속히 움직일 수 있어야 한다. 예를 들어 바람의 속도가 증가하여 헤드세일을 감으면 세일의 아랫부분인 풋의 길이가 짧아진다. 세일의 최대효과를 발휘하고 알맞은 조타균형을 유지하기 위해서 리드를 앞쪽으로 옮겨야 하는 역할을 제노아 및 집 트랙이 전담하게 된다.

<그림 4-31> 갑판에 설치된 제노아 및 집 트랙

❖ 스토퍼(stopper)

손잡이를 간단하게 조절함으로서 시트를 고정할 수 있는 장치로 대부분의 헬리야드를 작은 윈치로 효율 좋게 하기 위해서 사용한다. 윈치를 서너번 드럼에 감아서 시트를 유지하는 것에 비해 짧은 범위에서 마찰력으로 시트를 유지하기 위해서는 하중이 많이 걸리면 시트에 손상이 생길 우려가 있다.

<그림 4-32> 갑판에 설치된 스토퍼

❖ 클리트(cleat)류

일반적으로 클리트는 순간적으로 쉽게 시트를 제거하거나 스톱시킬 때 사용하는 부가물이다. 특히 시트를 마스트로 올려주는 헬리야드용 클리트도 계류용 클리트 모양과 비슷하다. 이외에도 클램 클리트와 스위벨이 부착된 종류도 많이 있어 세일링 요트의 적재적소에 사용하게 된다.

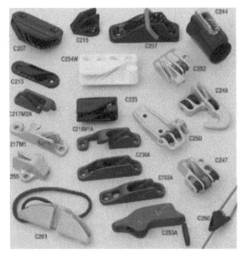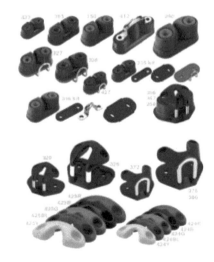

<그림 4-33> 클램 클리트의 종류

❖ 턴닝 블록(turning block)

턴닝 블록은 집 시트가 집 트랙의 리딩블록을 통해 윈치로 유도되는 과정에서 갑판의 코밍구조에 방해를 받지 않도록 시트의 입사 방향을 바꿔주는 역할을 한다.

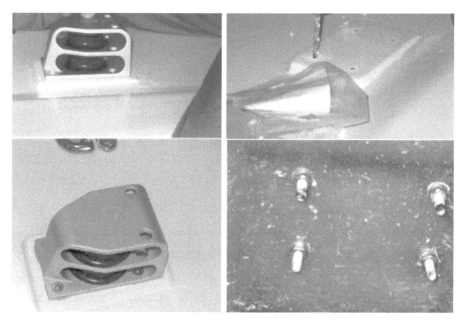

<그림 4-34> 턴닝 블록

❖ 갑판 시트 분배장치(deck organizer)

세일링 요트위에는 다양한 시트가 설치된다. 마스트에서 내려온 런닝 시트류를 조절하기 위해서는 스토퍼나 윈치로 유도하기 위한 장치가 필요한데 이 장치를 갑판 시트 분배장치라고 한다. 갑판시트 분배장치는 일반적으로 선수를 중심으로 좌우로 설치되어 있고 갑판의 콕핏에서 시트를 조절할 수 있도록 효과적인 배치와 시트의 방향전환을 자연스럽게 유도하고 특히 시트 마찰에 의한 파단력이 최소화되는 것이 핵심요소이다.

<그림4-35> 갑판에 설치된 시트 분배장치

4-2-3 세일링 요트의 안전비품(safety equipment)

세일링 요트의 안전비품 탑재는 바다에서 생명을 유지하는 것과 관련이 높다. 이에 대해서 세계적으로 통용되는 규정으로는 special regulation 이 있으며 IMS 및 IMS regulation과 나란히 ORC의 기본적인 규칙이다. 이는 외양경기요트에 있어서 구조적인 특징, 요트의 장비품, 승조원의 장비품등 의 기준을 제시하고 있다.

세일링 요트가 본래 갖추고 있어야만 할 구조상의 조건을 그 레이스 카테 고리 마다 상세하게 규정하게 되는데 선체의 자력복원성, 수밀의 완벽성, 선 체, 갑판 위, 선실 내에서의 장비품이 고정된 것 등이 기준으로 적용된다. 특 히 비품류는 선체 그 자체, 혹은 선체에 완전하게 고정되어 있을 것을 강조 하는데 해치 및 콕피트, 씨크콕, 밸브, 수밀격벽, 라이프 라인, 스텐션, 펄핏, 토레일, 화장실, 침대, 물탱크 및 음료수, 손잡이, 빌지 펌프, 콤파스, 선수 페어리더, 항해등, 기관 및 연료, 무선통신 설비 등을 면밀하게 구비하게 제 시되어 있다.

❖ 세일링 요트의 안전기능 가동장비와 보급

세일링 요트의 가동 비품으로는 비상용의 안전 비품에서부터 일상의 항해 용구 까지, 움직여서 사용하는 비품이 전부 규정되어진다. 중요한 것은 비품의 격납장소와 그 사용방법을 전 크루가 잘 이해하고 있는지가 가동장비의 활용성을 높여주는 핵심사항이다.

세일넘버, 목봉, 잭 스테이, 소화기, 앵커, 구급상자, 혼(horn), 레이더 반사기, 해도일식, 측심줄 및 측심의, 속도계 또는 거리측정의, 응급 조타장치, 수리공구 및 예비부품, 선명, 회기성 평행반사체의 부착, 구명 벌(liferaft), 클럽 백(club bag), 구명부이(lifebuoy), 신호염(distress signals), 히빙 라인(heaving line), 탑재의무 세일 등이 있다.

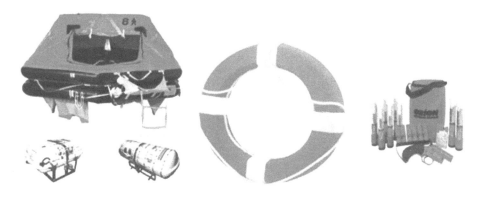

<그림 4-36> 구명벌, 라이프부이, 신호염

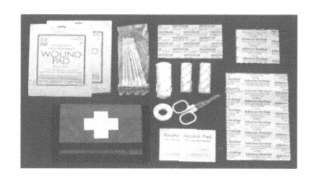

<그림 4-37> 구급상자 내용물과 신호 혼

이렇게 많은 종류의 안전장비의 기능 중에서 가장 크고 가장 비싼 것이 라이프 래프트라 할 수 있다. 검사하는 비용도 상당액이 소요되지만 비상시나 재난용으로는 매우 중요한 장비이다.

최근에는 배 안에 두는 것이 허용되어 거의 손상이 되지 않게 되었고, 혹여 조금이라도 손상되지 않도록 신중하게 다루어야 한다. 날씨가 좋은 날은 바람을 통하게 하고 내용품도 점검해야 한다. 안전장비는 준비와 보관의 여부에 따라 비상시에 제 기능을 충분하게 할 수 있기 때문이다.

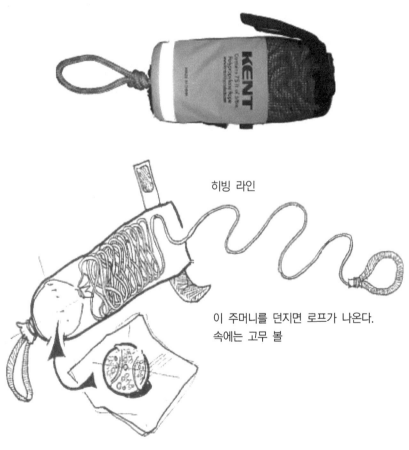

히빙 라인

이 주머니를 던지면 로프가 나온다.
속에는 고무 볼

<그림4-38> 히빙라인

라이프 래프트와 더불어 인명을 구조하는 대표적인 장비가 히빙 라인이다. 세일링 중에는 쉽게 물에 빠지는 경우가 있는데 유용하게 사용하도록 만들어 졌는데 긴 백에 고무 볼과 로프를 집어넣어 로프 끝을 한 손으로 붙잡고 백을 목표물을 향해 던지는 방법이다.

또한 크루저 세일링 요트일 경우 복잡한 마스트 상부의 구조가 틀어지거나 꼬일 수 있는데 이러한 작업에 반드시 사용되는 것이 보슨 체어이다. 트러블이 많은 마스트를 올라가서 작업할 때 필요한 보슨 체어는 메인 세일 핼려드, 항해등, 풍향계, 풍속계를 비롯한 많은 마스트 헤드 작업을 도와준다. 황천 항해 시에 사고가 발생했을 때 베테랑 이외는 마스트에 오르는 것을

<그림 4-39> 보슨 체어 사용법

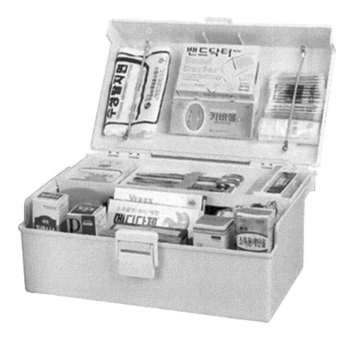

<그림 4-40> 구급 장비(사진)

피하는 편이 좋지만, 항내나 혹은 안전한 정수 구역이라면 누구든 오를 수 있기 때문에 튼튼한 보슨 체어가 확보되어야 한다. 보슨 체어는 등받이로 뒤쪽을 커버하고 가랑이에서 한 가닥을 뽑고 사이드 포켓에는 도구를 챙겨 넣게 된다. 보슨 체어를 달아 올리는 데에는 헬려드를 쓰는데, 스냅 샤클보다는 로프를 바우 라인으로 묶어 콕핏에 있는 선원이 천천히 윈치로 감아 올린다. 또한 추락 방지를 위해서 주 헬려드 보다 약 1 m 정도 느슨하게 부 헬려드를 안전장치로 묶어 오르는 것을 권장한다.

세일링 요트를 즐기는 사람들은 바라지 않지만 부상이나 발병은 해상에서도 일어나기 쉽다. 밴드에이드(band-aid), 삼각건도 크고 작은 사이즈를 준비해야 하고, 안약이나 열에 대한 상비약, 두통 등에도 대비한 구급상자는 필수이다. 이러한 구급상자는 적어도 반년에 한번 내용물을 점검해 두어야 비상시에 적절하게 사용될 것이다.

❖ 개인 의장품

세일링 요트의 활동에서 필요한 개인용 의장품은 라이프 자켓, 안전용 하네스, 신호홍염(조난신호장비), 모자가 달린 완전 황천용 자켓, 칼, 손전등, 생존물품 등이 있다.

이와 같이 주로 경기와 관련된 규정에서 명기하는 안전비품과 일반으로 세일링 요트에 탑재 되는 안전비품의 명세에는 약간의 차이가 있으나 근본적으로 갖추어야 할 목록은 양쪽 다 거의 대등하다. 세일링 요트의 건조에 있어서 이러한 기본적인 안전비품의 중요도와 격납되는 위치나 보관하는 장소는 당연히 고려해야할 사항으로 역시 무거운 물품은 선저에 위치시키고 가볍고 수시로 사용할 물품은 상부에 위치시키는 원칙이 필요하다.

특히 라이프 자켓과 하네스는 안전비품이라고 하기 보다는 크루저 세일링 요트에 타고 있는 승선원의 상비 의류라고 생각한다. 하네스를 라이프 라인에 걸어 세일링 중에 안전을 확보하게 되는데 혹여 라이프 라인이 파손되었을 때 위험에 처해질 수 있기 때문에 안전한 고정 고리에 하네스를 묶어두는 것이 더욱 현명한 방법이다.

세일링 요트는 장시간에 키를 잡고 항해하는 경우가 많다. 이때 스키퍼 벨트는 안전을 확보하는데 유용하게 작용하다. 스키퍼는 한손으로 틸러를 잡

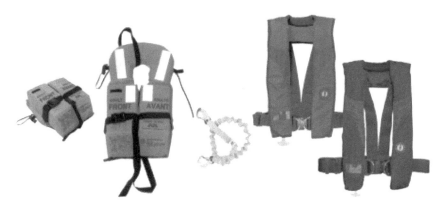

<그림 4-41> 라이프 자켓과 안전 하네스

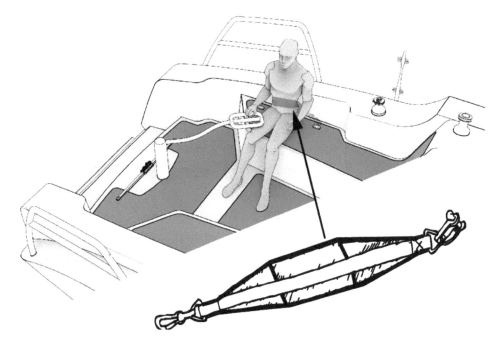

<그림 4-42> 스키퍼 벨트

고 있기 때문에 신체의 확보에는 한손밖에 쓸 수 없는 특징이 있기 마련이다. 항해 중에 선체의 침로를 정확하게 유지시키기 위해서 주위상황은 다른 크루 만큼은 파악하기 곤란하다.

이러한 두가지 원인이 스키퍼가 물에 빠지기 쉬운 원인이다. 이를 해소하기 위해 스키퍼가 앉아 있을 때 요트가 50°정도의 경사가 되었을 때에도 몸이 기울어지지 못하도록 억제하는 벨트가 사용된다.

5 CHAPTER

세일링 요트의 범주법

5-1 돛의 범장과 해장

5-1-1 메인세일과 집세일의 범장법

크루즈 세일링 요트의 주 엔진은 세일(돛)이라 말할 수 있고, 세일을 이용하여 바람을 타는 것으로 정의할 수 있다. 여기서 세일은 마스트나 부가물의 원활한 작용과 능숙한 선원의 움직임으로 완성된다.

세일링 요트는 돛단배를 의미하고 이는 다시 범선이라고 칭한다. 여기서 돛을 올리는 일련의 행위를 범장이라 하며, 범장을 하기 위해서는 각종 세일을 고정 장치에 메어 올려야 한다. 세일링 요트가 항해하기 위서는 마스트나 붐, 포스테이나 각종 헬려드에 세일을 걸고 올리는 과정이 필요한데 이러한 범장기법의 숙련도는 한 팀으로 구성되는 스키퍼와 크루의 자연스러운 행동 원칙에 바탕을 두게 된다.

❖ 메인 세일의 범장

마스트 속에 메인 세일을 감아서 보관하는 방식을 메인 펄링 시스템이라고 한다. 이는 배를 부릴 수 있는 인원이 한계가 있거나 오너 혼자 운항하기에 최적화되어 있다. 최근에 소수의 인원으로 크루징 요트를 부리기에 맞도록 시설적인 편안함이 더해진 것이며, 일반적이지 않는 특성상 본장에서는 그림으로 확인되고 특별한 범장기능은 메인세일의 당김 시트와 줄임 시트를

<그림 5-1> 메인세일 펄링 시스템의 외형

서로 풀고 당기면 쉽게 형상을 완성시킬 수 있다. 한 가지 마스트 공간속에 메인 세일이 돌돌 감겨져서 보관되는 특성으로 메인세일의 곡선을 만들어 주는 배튼이 설치될 수 없게 되어있다.

우리가 일반적으로 사용하는 메인 세일은 세일을 붐에 접어서 보관하고 범 장시에 마스트의 트랙이나 홈에 메인세일의 러프 부분을 집어넣어 꼭대기 인 피크(헤드)부분을 당겨서 세일을 올려 매는 방법을 주로 사용하는데 특 히 메인세일은 세일을 보관하는 백에 보관했다가 범주를 나갈 때 마다 범 장하도록 해야 한다.

메인세일의 범장 순서를 정리해보면 동력이 없는 작은 요트의 범장법과 크 루징 세일링 요트의 범장법으로 나누어지는데 요트의 디자인에 따라 다르 지만 대게 다음과 같은 순서로 진행된다.

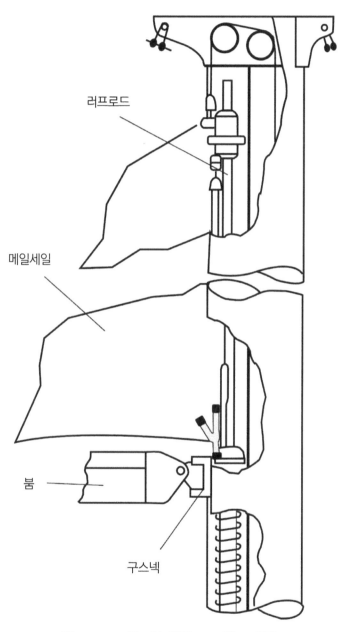

러프로드

메일세일

붐

구스넥

<그림 5-2> 메인세일 펄링 시스템의 단면

<그림 5-3> 메인세일 접이식 시스템과 메인세일 포켓

【딩기요트의 메인세일 범장법】

① 메인세일의 클루를 붐의 마스트 쪽 끝에 끼워 넣고 트랙을 따라 반대쪽으로 당긴다.

② 붐의 끝부분(마스트 쪽)에 택 핀을 이용하여 택을 고정시킨다.

③ 풋이 팽팽하도록 클루 아웃홀을 잡아당겨 붐에 고정시킨다.

④ 배튼을 메인세일의 배튼 포켓에 끼운다.

⑤ 메인세일의 헤드 부분을 샤클로 메인세일 헬려드에 부착시키고 세일의 헤드보드 부분을 마스트의 트랙에 끼운다.

⑥ 힐 피팅을 통해 메인 헬려드를 잡아 당기면서 세일을 마스트 트랙으로 밀어 넣는다. 이때 헬려드가 꼬이거나 다른 리깅과 헝클어지지 않도록 주의한다.

⑦ 메인세일을 끝까지 끌어 올린다음 헬려드 시트는 클리트 스토퍼로 고정한다.

⑧ 붐을 구즈넥에 고정시킨다.

【크루징 세일링 요트의 메인세일 범장법】

① 백에서 꺼낸 메인세일 풋(foot)을 붐(boom)에 끼워 넣는다. 두명이서 팀을 이루어 한사람은 그루부(groove홈)의 구즈넥(gooseneck)쪽에서 클루를 끼워 넣어 세일이 걸리지 않도록 가지런히 잡아주고, 한사람은 클루를 붙잡고 뒤쪽 붐 앤드로 당긴다.

② 붐의 그루브에 세일을 끼워 넣었으면 택(tack)을 고정시킨다. 샤클로 걸 수도 있고 로프로 매서 바람의 강약에 따라 조이거나 늦추는 방법도 있다.

③ 택의 다음에는 클루를 고정시킨다. 클루는 고정 시키기보다 조절할 수 있는 방식이 좋다. 프리(free)의 세일링을 즐기거나 바람이 약할 때는 늦추고 맞바람이거나 바람이 강할 때는 죈다.

④ 붐에 세일을 세트한 상태에서 배튼을 끼워 넣는다. 배튼은 메인세일의 캠버를 좌우하는 중요한 부품이고, 각각 세일크기에 맞춰 길이가 다르게 제작된다. 혹여 잘못 끼워 넣는 것을 막기 위해서는 메인 세일의 꼭대기인 피크 쪽에서 차례로 번호를 매겨 배튼 포켓과 배튼의 양쪽에 지워지지 않도록 마킹을 해두는 방식이 적절하다. 또한 배튼의 어느 쪽에서 끼워 넣는지도 화살표로 그려두면 좋다. 배튼은 세일의 드래프트가 깨끗이 형성되도록 끝 쪽이 부드럽게 휘게끔 만들어져 있다. 그것을 리치 쪽으로 끼워 넣어서는 안 된다.

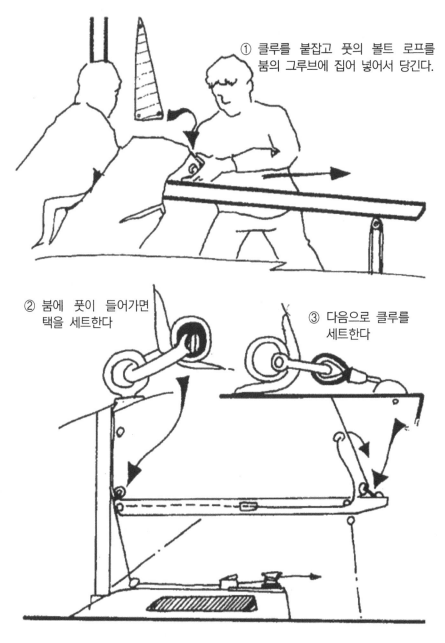

① 클루를 붙잡고 풋의 볼트 로프를
붐의 그루브에 집어 넣어서 당긴다.

② 붐에 풋이 들어가면
택을 세트한다

③ 다음으로 클루를
세트한다

<그림 5-4> 메인세일 범장법

⑤ 메인 세일의 맨 윗부분인 피크를 메인 헬려드에 연결하고 시트를 당겨 범장시킨다.

크루징 세일링 요트는 이와 같이 메인세일의 풋을 먼저 고정시키고 마스트의 러프 면을 끼워 상승 시키는 방식으로 범장이 이루어지는데 여기서 붐 쪽에 메인세일을 개켜두는 포켓이 있는 방식과 포켓이 없는 방식으로 나누어진다. 메인 세일 포켓이 있을 때는 포켓의 지퍼를 닫거나 열면 범장이나 해장 시에 간편함이 있으나 만약 붐에 바로 메인세일을 개켜두어야 할 때는 일반적인 줄보다 쇼크 코드라는 부품을 사용하는 것이 좋다. 쇼크 코드는 한쪽은 고리로 하고 한쪽은 플라스틱 제품으로 걸 고리가 매달린 한팔 정도 길이의 줄이다. 쇼크 코드의 길이는 리치사이드는 짧고 러프 쪽으로 가면서 길게 하는데 이는 러프 쪽의 메인 세인을 개켜둘 때 훨씬 두꺼워 지기 때문이다.

세일링 요트의 메인세일은 일반적으로 동력엔진의 추진력을 통해 저속 상태를 유지한 후 선체를 바람방향으로 맞추고 나서 올리게 된다. 반드시 요트를 바람에 마주보게 한 상태에서 올리도록 해야 메인포켓 시트나 런닝 시트와 간섭이 없고 펄럭임을 방지할 수 있다. 붐뱅(boom vang)과 메인시트를 늦추어 놓아야 메인 세일을 범장할 때 효과적이다. 또한 세일 스토퍼를 한두 가닥 푸는 것을 잊어버릴 수도 있으므로 특정의 크루가 스토퍼를 풀어서 배 안에 잘 정리해두도록 하는 것도 하나의 방법이 될 것이다.

세일을 범장하기 위해 마스트 상부를 거쳐서 콕핏 쪽에서 시트를 당기게 되는데 이렇게 마스트 상부로 올릴 수 있도록 설치된 줄, 즉 이러한 시트들을 헬려드 라고 한다. 메인 헬려드는 잠긴 채로 잡아당길 수 있는 부품인 잼머가 있고 이 잼머에 나머지 줄이 빠지지 않도록 끝 쪽에 8자 매듭으로 묶어둔다. 또 한 남긴 줄에 미리 마킹을 해두는 것도 좋은 방법이다. 이 마킹이 넘어가지 않도록 마스트를 담당하는 마스트 맨이 아래에서 당기고 콕핏의 시트를 담당하는 콕핏 맨은 윈치 등을 사용하여 헬려드를 당겨서 메인세일을 범장하게 된다. 이렇게 헬려드를 통해서 헤드부분이 마스트 꼭대기까지 올라갔으면 메인세일의 아랫부분인 풋의 당김 새도 살펴야 한다.

메인 세일을 다룰 때는 곡면이 생기도록 하는 캠버를 살려줘야 하지만 초기에 세일을 범장할 때는 바람에 맞추어 풋에 주름이 잡히지 않도록 클루 아웃홀(clew outhaul)을 당겨 두어야 한다. 붐 뱅을 가볍게 당겨둠으로써 메인세일의 세팅을 완료하게 된다.

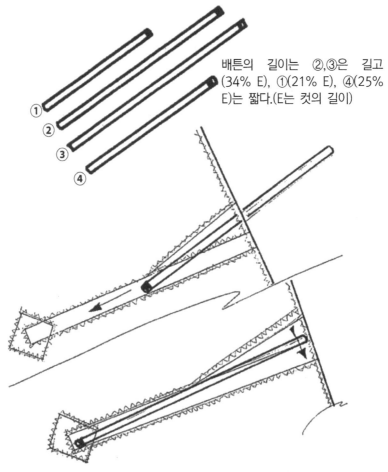

배튼의 길이는 ②,③은 길고 (34% E), ①(21% E), ④(25% E)는 짧다.(E는 컷의 길이)

배튼은 규정의 변경 때문에 길어졌으나 세일의 커브는 좋아졌으므로 소중하게 다루어야 한다. 보통 구석 편에 고무로 된 캡이 붙어 있다.

<그림 5-5> 메인세일 배튼 설치방법

핼러드는 마스트 아래에서 당기지
만 그 로프 엔드는 콕핏까지 리드
하는 편이 좋다.

잼머(jammer : 잠긴 채로
잡아당길 수 있다.).

커닝엄 홀

아웃 홀

마킹

메인 시트

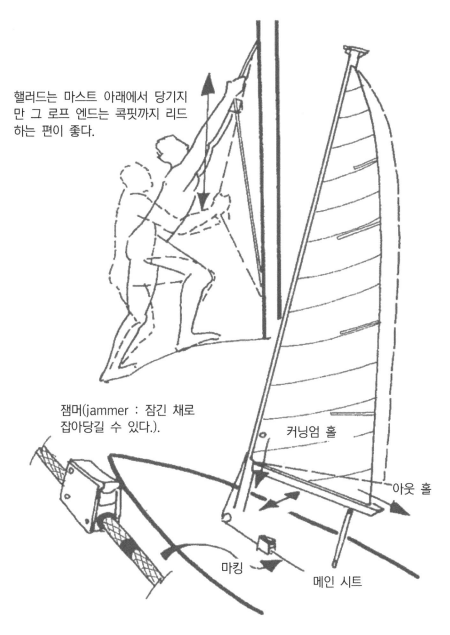

<그림 5-6> 메인 세일 올리는 방법

❖ 집세일의 범장

세일링 요트의 범장법은 첫 번째로 메인세일을 설치하여 올리고 나서 집세일(헤드세일)을 설치한다. 집세일의 종류는 표 5-1과 같다.

세일의 소재는 지속적으로 발전하고 있다. 테크론, 마이라, 케브라 등 화학적인 기술발달로 질기고 반복성이 우수한 소재로서 수없이 반복하는 움직임에 맞도록 세일력의 향상을 가져오게 되었다.

집세일은 반드시 메인세일을 먼저 전개하고 난 후에 추진력을 배가시키기 위해 설치하는데 일단 마리나 및 하버에서 나간 다음, 그날에 적당하다고 생각되는 헤드세일을 결정하여 전개한다.

여기서도 메인 펄링 시스템과 같이 집펄링 시스템이라고 한다면 집세일의 크기를 돌려 감아 들이거나 늘리는 등 큰 불편함 없이 세일 면적의 조절을 통해 집 세일을 운용하게 된다. 하지만 집 펄링 시스템이 아닌 고리로 집세일을 선택해서 하나씩 위로 올리는 헹크스 방식이나 포일에 끼워 올리는 포일 방식에서는 당일 최적의 세일을 스키퍼가 판단하여 전개시키게 된다. 여기서 만일 달려 보고 오버 캔버스(over canvas)라고 느끼면 곧바로 바람과 파도가 잔잔한 곳으로 이동하여 한 단계 아래의 작은 세일로 바꾼다. 이러한 세일 교체작업은 숙련된 크루라면 필요에 따라

<표 5-1> 집세일의 종류

세일의 종류	적용 풍속(초속)	비고
라이트 제노어	0~5 m	
헤비 제노어	5~10 m	두꺼운 천을 사용
No.2 제노어	8~12 m	
레귤러 집	10~15 m	
스톰 집	20 m 이상	

아무 때나 진행하는 것이 이상적이지만, 이제 배우는 초심자 크루라면 안전한 장소와 순서를 익혀두는 것이 매우 중요하다.

집세일은 헹크(hank) 또는 여러 가지 방법에 의하여 포어 스테이에 부착되며, 집 세일은 클루에 부착된 집 시트에 의해서 스타보트 택이나 포트 택으로 전개된다. 집 시트는 마스트를 돌아 슈라우드의 안쪽이나 바깥쪽을 지나서 사이드 택에 부착되어 있는 집 트랙을 통과함으로서 콕핏에 도달하게 된다.

【딩기요트의 집세일 범장법】

① 바우 피팅에 집 세일의 테크를 샤클로 연결한다.

② 집 행크에 의하여 집 세일을 포어 스테이에 끼운다.

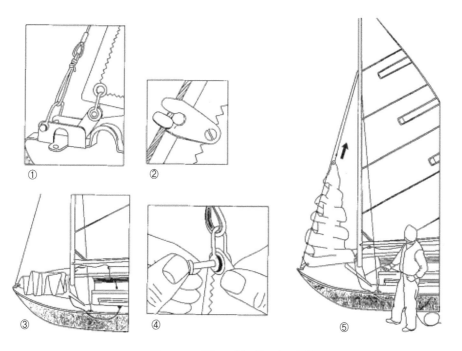

<그림 5-7> 집 세일 올리는 방법

③ 집 시트를 클루에 부착시켜서 두 가닥의 시트를 스타보드택과 포트택으로 니누어 페어리드를 통과시킨 디옴 스토핑 노트(stopping knot)로 빠져 나가지 않도록 한다.

④ 집세일 피크(헤드)를 샤클로 집 헬려드에 연결한다.

⑤ 헬려드를 당겨서 집 세일을 올린 다음 클리트에 고정한다.

❖ 헹크스(hank) 방식의 집세일 세트

집세일의 범장은 구조적으로 다양하다. 특히 헹크스 방식인 경우는 세일이 꼬이지 않도록 하면서 아랫부분인 택 쪽에서 차례로 헹크스를 포어 스테이에 걸고 마지막으로 헹크스를 걸고 집세일을 당겨 올리게 된다.

이와 동시에 스타보드 윈치맨이나 포트 윈치맨은 집세일의 끝부분인 클루에 집 시트를 바우라인(bowline knot) 매듭으로 결속한다. 다만, 로프 끝을 어느 정도 길게 남겨 두지 않으면 쉽게 벗겨지기 때문에 알맞게 바우라인 매듭을 완성시켜야 한다. 집 시트의 클루 쪽은 너무 강하게 죄버리면 집세일을 교체할 때 풀기가 곤란하고 반대로 너무 약하게 죄버리면 경기중에 집 시트가 풀어지는 경우가 발생하게 된다. 이렇게 헹크스 방식으로 러프를 걸고 클루를 결속시키고 난후 집세일의 가장 윗부분인 피크(헤드)쪽을 집세일 헬려드에 걸고 마스트 맨이나 콕핏맨이 시트를 당겨서 위쪽으로 올려 윈치와 클리트에 걸게 되면 범장은 완성된다.

이때 특히 주의할 점은 집 시트를 바우라인으로 결속할 때 베이비 스테이, 슈라우드의 바깥쪽을 지났는지 확인해 둬야 한다. 이러한 점검은 시트를 맨 크루가 책임을 맡는 것이 좋다. 더구나 클루에 시트를 매는 대신 금속재의 스냅 샤클을 사용하는 요트도 있는데, 이는 바람이 나부껴서 펄럭일 때 집 시트를 조절하는 크루를 가격하게 되어 안전사고를 유발하는 사례도 많기 때문에 특별히 유의 하여야한다.

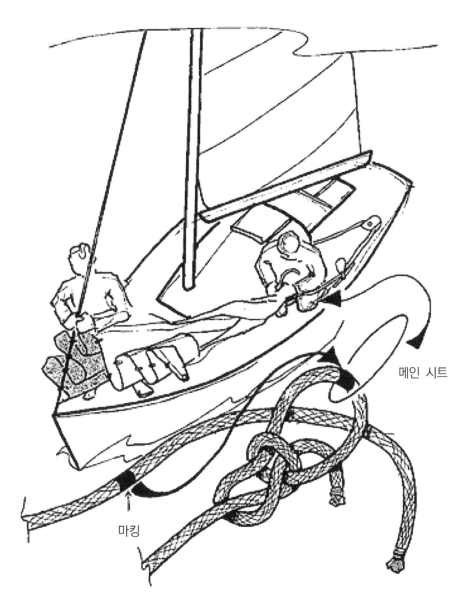

메인 시트

마킹

<그림 5-8> 헹크스 방식의 집 세일 범장법

❖ 포일 방식의 집세일 세트

집 세일의 세트 중에서 금액적인 부분이나 바람을 가르는 기능적인 면에서 포일방식은 보편성을 보여주고 있고 특히 포일방식은 메인 세일을 마스트에 끼워 넣는 그루브와 같은 방식으로 포어 스테이에 부착한 것으로, 로드 스테이(rod stay)에 직접 가공한 것과 플라스틱 또는 알루미늄제를 부착한 것도 있다. 집세일의 러프에는 헹크스 대신 특수 제품의 테입을 붙이고, 그 테입에는 두가닥의 가는 볼트 로프(bolt rope)가 박음질 되어있다. 바깥의 한 가닥이 포어 스테이의 포일(그루브)에 들어가고 안쪽의 한 가닥은 서포트 하는 방식으로 되어 있다. 그리고 집 세일을 올릴 때는 포일에서 벗겨지지 않고 수월하게 들어가도록 피더(fider)로 리드한다.

이러한 포일방식의 이점은 세일링 중에 헬려드를 늦추어 바람이 들어오는 러프를 느슨하게 하거나 팽팽하게 할 수 있다는 것이고 더블 포일이라면 집 세일을 교체할 때 새로운 집세일을 올리고 나서 앞에 쳤던 집 세일을 내릴 수가 있어 메인 세일만으로 하는 세일링의 시간을 줄여줄 수 있다는 것이다.

반면에 단점은 헹크스 방식처럼 내린 집세일의 러프를 포어 스테이에 붙여둔 채로 바우 측면에 사려 놓을 수가 없다는 것이다. 또한 집 세일을 교체할 때는 세일이 젖어 있거나 하면 먼저 올린 집 세일을 내려서 다루기가 쉽지 않고, 스피네이커 폴에 부딪치면 파손되기가 쉽다는 것이다. 때에 따라서는 볼트 로프가 벗겨 질수도 있어서 포일방식의 집세일을 다루는 크루의 숙련도가 매우 중요하다.

그림(a)는 실제 피더의 안쪽에 집세일의 피크 부분부터 끼워 넣어서 그림(b)와 같이 일정부분 올리고 바우맨의 역할에 따라 피더에서 간격이 떨어지지 않도록 포일 속에 러프를 지속적으로 삽입시키면서 범장하도록 하고, 그림(c)처럼 확인되면 그림(d)와 같이 집세일의 클루 부분을 스타보드택과 포트택(좌우현) 시트를 바우라인 묶기법을 활용하여 묶어두고 나머지 시트를 집 트랙의 블록을 통과시킨다. 마지막으로 이어진 시트를 주 윈치에 두 바퀴 정도 감아서 결합시키면 포일방식의 집세일 범장이 완성된다.

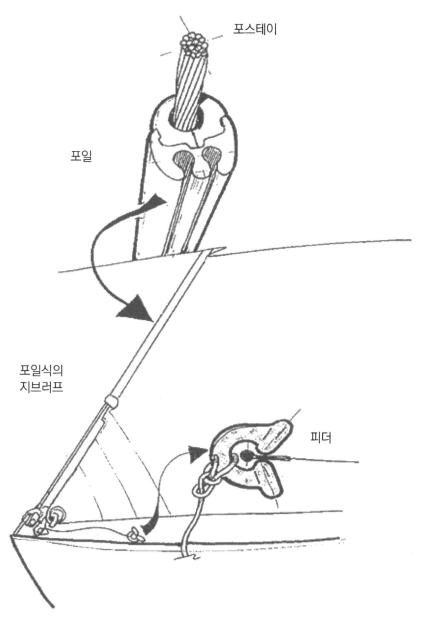

포스테이

포일

포일식의
지브러프

피더

<그림 5-9> 포일 방식의 집 세일과 피더

(a)집세일 피더   (b)집세일 피크연결

(c)집세일 피더에 피크연결   (d)집세일 좌·우텍에 클루연결
<그림 5-10> 포일 방식의 집 세일 범장법

❖ 펄링 방식(furling system)의 집세일 세트

집 세일을 돌돌 감아서 세트하는 펄링 방식은 한 장의 제노어를 포어 스테이에 감아서 여러 가지 사이즈의 집으로 사용하게 되는 방식이다. 어느 정도 감아서 모진 바람 속을 세일링 하다 보면 캠버가 길어져서 세일링 컨디션이 나빠지는 것은 아닐까? 하고 생각하겠지만 이것은 러프 쪽에 폼을 넣어서 해결되어 진다. 현재는 집 세일 펄링 방식에 전동윈치를 이용한 사례

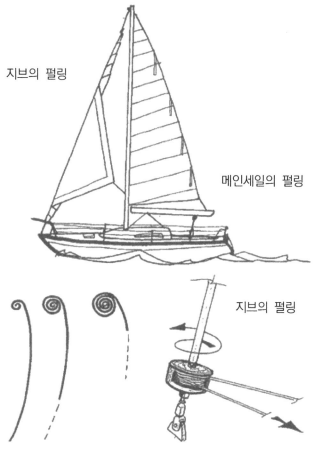

지브의 펄링

메인세일의 펄링

지브의 펄링

<그림 5-11> 펄링 방식의 집 세일 범장법

도 많아지고 있고, 펄링 방식의 장점은 역시 소수의 인원으로 조종 하는 이점이 많다는 것이다. 집 세일을 펄링 방식으로 세트하는 경우, 집 세일의 피크(헤드)를 연결하는 쉬위블(swivel)이 포어 스테이에 돌아서 말리지 않도록 헬려드를 바짝 당겨두어야 한다.

5-1-2 메인 세일과 집 세일의 해장법

세일링 요트에서 세일의 해장법은 범장의 역순으로 생각하면 이해가 쉽다. 세일을 세트하고 올리는 방법에 있어서 순서를 반대로 고려하여 내리고, 풀고, 해체하는 일련의 방법을 해장법이라 한다. 범장시에 순서는 메인 세일을 먼저 세트하고 집 세일을 세트하였지만, 세일을 거두어 들이는 해장법에서는 그 반대로 집 세일을 먼저 해장하고 마지막으로 메인 세일을 해장하게 된다.

❖ 집 세일의 해장과 세일백

집 세일을 내려서 거둬들이는 해장법은 먼저 항해를 마치는 과정이라고 한다면 맞바람에 가까운 방향으로 세일링 요트의 선수를 돌려두고 저속으로 방향을 맞춘 다음 집 세일 헬려드를 일정간격으로 내림과 동시에 헹크스 방식이나 포일 방식일 때 한 단계씩 아래로 내리게 된다. 이때 스타보드 택이나 포트 택에 시트가 팽팽하게 고정되어 있다면 내리는데 방해가 되므로 약간 느슨하게 시트를 내어줄 필요가 있다. 일단 내려진 세일은 바우쪽의 라이프라인에 고무 밴드나 얇은 시트를 통해 묶어두고 입항 후 폰툰이나 마리나에서 염기를 제거하고 일정부분 건조시켜둔다. 이후에 순서에 맞게 접어주고 세일백에 보관하면 다음 세일링 범장 시에 사용하는데 이롭다.

어떠한 집 세일이든 사이즈와 세일 천의 두께가 바뀐다고 해도 집세일 자체를 다루는 방법은 크게 달라지지 않는다. 집 세일을 말아두는 펄링 방식

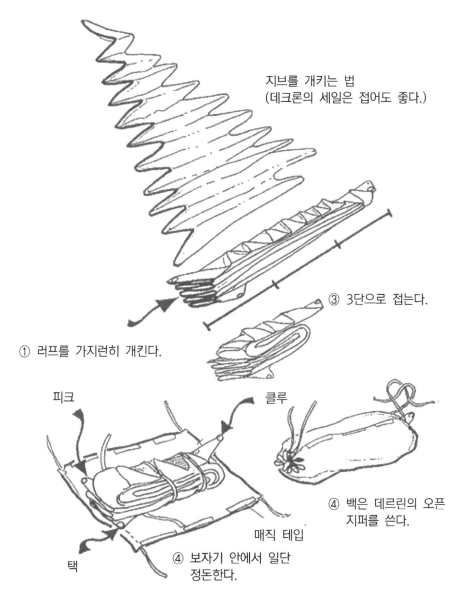

지브를 개키는 법
(데크론의 세일은 접어도 좋다.)

③ 3단으로 접는다.

① 러프를 가지런히 개킨다.

피크

클루

매직 테입

④ 백은 데르린의 오픈
지퍼를 쓴다.

택

④ 보자기 안에서 일단
정돈한다.

<그림 5-12> 집 세일을 백에 보관하는 방법(크루저 핸드북67페이지)

은 세일 백이 필요치 않지만, 접어서 개켜두는 방식은 메인 세일과 마찬가지로 세일 백에 넣어서 보관하게 된다. 세일 백에는 확실하게 세일의 종류와 크기를 적어 두어야만 비상시나 급박한 환경에서 쉽게 찾아서 장착할 수 있다. 집 세일은 세일의 아랫부분인 풋 쪽에서부터 차례로 개켜 러프를 가지런히 맞추는 것을 목표로 한다.

❖ 메인세일의 해장

메인세일의 해장은 우선 선수를 바람의 정 방향으로 위치시키고 저속으로 전진하며 메인 세일이 양력이나 압력을 받지 않는 상태를 유지하는게 중요하다. 세일링 요트가 정 위치에 들어왔을 때 마스트 맨이나 콕핏맨의 역할로 메인세일의 헬려드를 내리게 되는데 이때 마스트 붐에 좌우로 일정한 간격으로 개켜두는 역할을 해야 한다.

물론 메인 세일 포켓이 있다면 좌우로 개켜두면서 쉽게 메인 세일을 내려서 해장할 수가 있고 메인 세일 포켓이 없다면 크루들의 호흡에 맞춰서 한 단계씩 피크(헤드)시트를 풀어주고 마스트 붐에 좌우로 개켜두는 방식으로 세일을 내리게 된다.

일정한 방식으로 메인세일이 내려진다면 텍과 클루를 벗겨내고 세일백에 담아서 보관하면 된다.

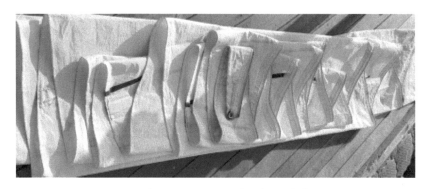

<그림 5-13> 메인세일 접는 방법

5-2 스키퍼와 크루의 업무분장

5-2-1 스키퍼(skpper)의 역할과 책임

　　스키퍼(skpper)는 요트의 최고 책임자이며 결정권자를 말한다. 선상에서 일어나는 모든 일에 대한 책임을 지는 중요한 자리이고 항해중에는 크루(crew)에게 능력별 역할을 지시하고 안전항해를 위해 요트에 상태를 관찰하고 만약 위험한 상황에 처했을 경우에 적절한 대책을 지시하며 선상에서 문제 발생 시 모든 사항을 결정하고 명령하며, 그 결정에 책임을 회피 할 수 없는 자리이다. 또한 항해에 관한 법규를 준수할 의무와 책임이 있다. 아울러 기상, 일기, 선원과 세일링 요트의 전반적인 상황을 명확히 인식하여 판단하는 결정력이 있어야 하고 이를 위해서는 다양한 경험이 필수적으로 따르게 된다. 스키퍼의 역할 중 중요한 것은 원거리 항해의 구체적인 계획을 수립하여야 하는데 비상시에 일어날 수 있는 상황을 가정하여 일기나 해상 안전에 밀접한 모든 가정된 상황을 면밀하게 검토하여야 한다. 또한 연안에서 펼쳐지는 단거리 코스의 대회를 참가하는데 있어서도 단축코스를 비롯하여 팀원과 전략을 수립하고 공유함은 물론, 전반적인 세일링의 선택과 출발에서부터 도착지점까지의 항로의 설계, 세일링과 크루징 기법의 확정까지 다양하고 많은 양의 결단력과 실행, 역할과 책임이 따른다고 할 수 있다.

5-2-2 크루(crew)의 역할과 책임

　　세일링 요트의 크기에 따라 크루(crew)에 적정 인원은 보편적으로 50피트 미만일 때 4~5인이 적당하고 선상에서 크루는 요트가 위험하다고 판단이 되면 즉시 스키퍼에게 보고해야하는 의무가 있으며, 자신의 포지션 및 역할을 숙지하고 요트 운항을 위해서 최선을 다하여 스키퍼가 내린 지시에 따라야 한다. 주요 포지션은 4인을 기준으로 바우맨(bowman)은 마스트 앞 집세일의 조절과 선수 견시, 스타보트 윈치맨(starboard winch man), 포트 윈

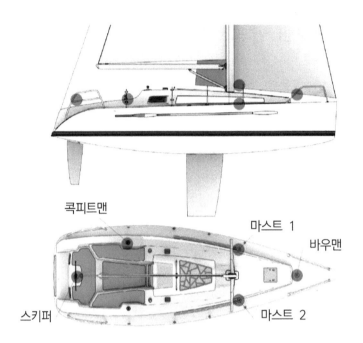

콕피트맨
마스트 1
바우맨
스키퍼
마스트 2

<그림 5-14> 스키퍼와 크루의 위치

치맨(port winch man)은 각각의 윈치를 사용하여 메인세일의 조절과 견시를 주로 담당하게 된다. 마지막으로 스키퍼(skipper)까지 포함하여 구성되고 일반적으로 세일링 요트 조종면허 시험에서도 4인을 기준으로 각각의 위치에서 임무를 교대로 진행한다.

세일링 요트는 순항을 목적으로 하는 크루징 타입과 경기를 목적으로 하는 레이스로 나누어지는데 요트의 특성과 그 목적에 맞게 인원의 배치가 이루어지기 마련이다. 위의 그림과 같이 5개 역할로 구분되어지는 각각의 역할은 다음과 같다.

① 바우맨: 견시와 집 세일을 세팅한다.
② 마스트1: 메인 세일, 집 헬려드를 담당한다.
③ 마스트2: 마스트1을 보조하며, 메인 헬려드를 올릴 때 메인 세일이 마스트 글루브에서 원활하게 움직이도록 한다.

④ 콕핏맨: 메인 헬려드와 집 헬려드를 당기고 풀어주며 고정한다.
⑤ 스키퍼: 러더, 엔진을 조종하며 전체적인 지시를 한다.

이와 함께 상황에 따라서 헬름즈맨(helms man), 피트맨(pitman), 마스트
맨(mast man), 트리머맨(trimer man)등도 구성할 수 있으며, 그 구성은
다음과 같다.

① 집 트리머: 집 시트를 트림하고 바람부는 방향을 알려준다.
② 메인 시트 트리머: 메인시트를 트림하고, 요트가 너무 힐링되었다면 트
   리머는 배가 적당한 힐링 각으로 돌아오도록 메인시트를 놓아주거나 당
   겨준다.
③ 헬름즈먼: 풍상으로 갈 때는 지그재그로 진행하는데 바람에 가깝게 진행
   하여 방향을 얻은 후 속도를 얻기 위해 풍하 쪽으로 약간 돌린다. 세일
   트림의 조정을 어떻게 해야 하는 지를 권고한다.

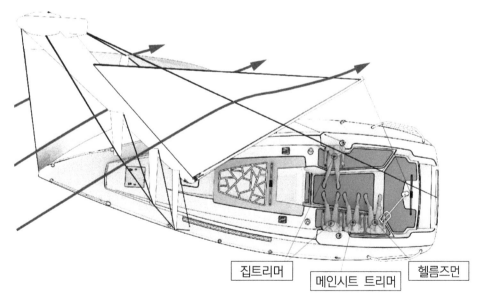

집트리머   메인시트 트리머   헬름즈먼

<그림 5-15> 포지션별 역할

❖ **바우맨(bow man)**

마스트보다 앞 쪽 갑판(deck:데크)에서 작업을 담당한다. 선수로 나가기 위해서 요트의 균형을 흐트리지 않도록 체중이 가볍고 민첩하며 안정성이 있는 크루가 적합하다.

❖ **마스트맨(mast man)**

마스트 주변의 작업을 담당한다. 헬려드를 올릴 때나 내릴 때 마스트에서 보조하거나 요트의 중앙부분의 작업을 행하고 때로는 선원의 보조를 하게된다. 때로는 콕핏 밖에서의 작업이 많기 때문에 결국 민첩하고 완력이 있는 크루가 적격이다.

❖ **콕핏 맨(cockpit man)**

콕핏에 유도 되어진 다양한 시트를 죄고 풀어주는 클리트를 조절하는 위치에서 시트 컨트롤을 전담한다. 몇 가닥이나 되는 시트를 적절하게 사릴 필요가 있고 완력이 있음과 동시에 정중하고 성실한 성격의 쿠루가 적당하다.

❖ **트리머 맨(trimer man)**

세일의 캠버를 조절하고 바람각에 따라서 달라지는 환경에서 대응하기 위해 집 시트나 메인 시트 등을 당기고 풀어주는 등 세일의 조정을 담당한다. 크게 집 트림, 메인 트림, 스핀 트림이 있지만 통상 집과 스핀 트림은 겸업하고 메인 트림은 메인 트리머가 담당하는 것이 이롭다. 아울러 바람에 따른 변화를 잘 읽어내는 기술이 있고 세일 조절에 익숙한 크루가 맡는다.

❖ 네비게이터(navigator)

세일링 요트의 항해시 본선의 위치를 알아내고 이후의 코스를 판단하여 알려주는 역할로 경기에서는 전체 코스를 계획하는 역할도 담당한다.

❖ 전술가(tactician)

경기의 세밀한 형세에서의 전술적 판단을 담당한다. 주위의 요트나 바람의 상황 등에서부터 풍상으로 전환하는 태킹과 풍하로 전화하는 자이빙의 시기를 선택하거나 당면한 상대요트의 움직임 등을 점검한다.

❖ 헬름즈맨(helmsman)

키를 잡는 전문가를 헬름즈맨이라 하는데 역할 상 키를 잡는 것은 원래 스키퍼의 몫이었지만 최근의 경기정에서는 그것도 독립된 전문역할로 되고 있는 중이다. 스타트 담당의 헬름즈맨, 풍상으로 치고 올라가는 범주를 전담하는 헬름즈맨, 풍하로 내려갈 때 범주를 전담하는 헬름즈맨이 등장하고 있다. 세일링 요트가 처해진 상황에서 최고의 선속을 유지하는 것에 목적을 두고 전문화 되고 있는 것이다.

❖ 스키퍼(skipper)

정장으로도 불리고 있으며 선상에서의 최고책임자, 요트의 운항에 관해서 오너(owner)로 위탁되어진 모든 책임을 가진다. 무수히 많은 경험과 판단이 갖추어져야 가능한 역할이다.

5-3 세일링 요트의 범주법

5-3-1 세일링 영역(sailing zone)

세일링 요트의 추진원리는 간단한 이해력에서 출발하지만 바람방향에 따라 자유롭게 요트를 부리는 기술은 상당한 숙련이 필요하다. 세일링 요트의 추진원리에서는 양력의 발생과 압력의 영향으로 크게 나누어 맞바람에서의 항해, 뒤바람이나 옆바람에서 자유롭게 세일링이 가능하도록 하는 원리에 대해 익혀왔다.

세일링 요트는 바람이 불어오는 정면 방향으로 약간의 범위를 제외하고 어떤 방향으로도 진행이 가능하다. 특히 바람이 부는 방향을 노고존(no go zone)이라 하는데 이 영역으로는 전진력이 발생하지 않는다.

지금과 달리 예전의 전통 선박들은 4각의 횡범으로 항해 하였는데 이때는 바람이 불어오는 정 방향에서 약 60°정도의 노고존이 형성되었고, 근래는 세일과 선형의 개선과 유체역학의 검증 기술 등의 발달로 35~45°정도의 노고존을 형성하고 있다. 따라서 이동할 수 없는 영역 즉, 노고존의 각도가 작으면 작을수록 요트의 성능이 좋은 것이라고 볼 수 있다.

세일링 요트의 범주 방향에 따른 범주 방법은 크게 크로스홀드(close heuled), 리칭(reching), 런닝(running)의 3가지로 구분할 수 있는데, 크로스홀드는 바람이 불어오는 방향에서 약 40~50°의 방향각을 말하며, 맞바람 상황에서의 항해 방법이다. 요트인 들의 통상적인 용어 중에서는 이를 풍상 범주법이라 하며, 풍상의 어느 지점을 가기위한 가장 효과적인 방법이 클로스 홀드인데 가장 어려운 범주법이기도 하다.

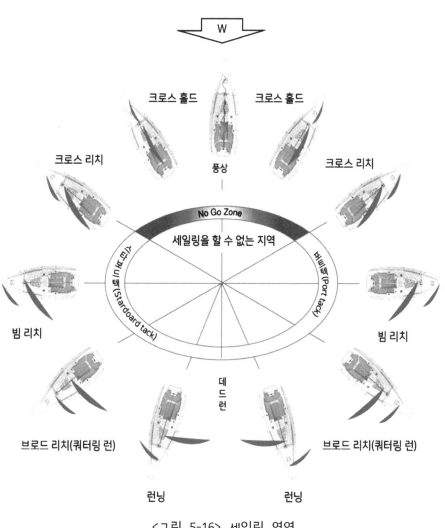

크로스 홀드   크로스 홀드

크로스 리치   크로스 리치

풍상

No Go Zone
세일링을 할 수 없는 지역

스타보드 택(Stardoard tack)   포트택(Port tack)

빔 리치   빔 리치

데드런

브로드 리치(쿼터링 런)   브로드 리치(쿼터링 런)

런닝   런닝

<그림 5-16> 세일링 영역

<그림 5-17> 1964년 제3회 한산대첩기념제전 범선경기

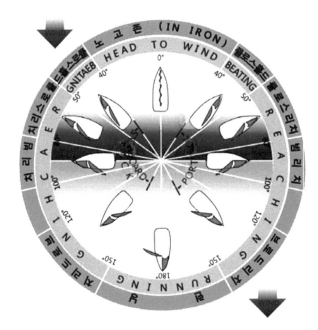

<그림5-18> 세일링 영역에서 바람각도별 범주상태

이는 오랜 시간 우리나라에서 풍선(돛단배)을 항해한 뱃사공들이 "바람에 데어간다"라고 할 정도로 세일에 양력이 발생하는 끝점까지 바람각으로 올려서 항해한다는 뜻이다.

리칭은 옆바람을 받아서 달리는 범주상태로 바람이 불어오는 방향에서 50~150°의 방향각을 말한다. 리칭은 여러 가지 범주법 중에서 가장 빨리 달릴 수 있는 방법이며, 가장 기본적인 범주법이다. 리칭은 바람의 각도에 따라 크로스 리치(close reach), 빔 리치(beam reach), 브로드 리치(broad reach)로 구분된다. 크로스 리치의 통상적인 바람각도는 50~80°이고, 빔리치의 바람각도는 80~120°범위이다. 마지막으로 브로드 리치의 바람각도는 120~150°가 된다.

5-3-5 풍상 풍하별 명칭과 추진력

노고존은 바람이 불어오는 방향을 정면으로 가정 했을 때 좌, 우 약 45° 수역 안을 향하면 달리 수 없다. 즉 직접 바람을 향해서 갈 수 없는 4분원이 있는데 이 구역을 범사구역이라 한다.

❖ **풍상방향**

세일링 요트가 바람을 거슬러 올라가는 풍상범주의 경우 비행기 날개에서 양력이 발생하여 비행기가 뜨게 되는 원리와 동일한 현상이 작용하게 되는데 이러한 양력을 활용하여 세일링 요트가 추진하게 된다.

비행기 날개의 예를 들면 비행기 날개 주위를 흐르는 공기의 속도는 날개 윗부분에서 빠르고 날개 아랫부분에서는 느리다. 이 경우 공기 흐름의 속도 차이 때문에 베르누이의 정리(속도가 빠르면 압력이 낮고, 속도가 느리면 압력이 높아진다)에 따라 날개 윗부분의 압력이 낮아지고 아랫부분의 압력은 높아진다.

이 압력의 차이가 비행기를 뜨게 하는 힘으로 작용하는데 이를 양력(lift)이라 한다. 이 원리는 요트의 세일에도 적용된다. 비행기 날개와 비슷한 모양을 하고 있는 세일의 주위에 공기가 흐를 때 세일을 경계로 하여 풍상측의 공기 속도는 느리고 풍하측의 공기속도는 빨라진다. 이렇게 기류속의 곡면에 있어 한쪽은 낮은 압력을 발생시키게 되고 반대쪽 면은 높은 압력이 발생한다.

날개의 상부와 하부의 유속 차이 때문에 날개 상부 쪽으로 양력 즉 밀어올리는 힘이 생기게 되는데 세일도 비행기 날개처럼 세일 양면의 유속차이로 유속이 빠른 쪽으로 미는 힘이 생기게 되는 것이다.

이를 다시 정리해보면 풍하 측으로 흡인력이 발생하게 되는데 이를 총 합력이라고 한다. 이 총 합력은 풍하범주의 경우와 마찬가지로 전진력과 횡류력으로 분류된다. 횡류력은 요트를 옆으로 미는 힘으로서 킬과 같은 횡류방지장치에 의하여 상쇄된다. 따라서 요트는 전진력에 의하여 앞으로 나아갈수 있게 된다.

① 크로스 홀드: 범사구역 이하의 바람이 불어오는 쪽으로 최대한 향하는 코스를 말한다(바람 방향의 약 45°)
② 크로스 리치: 크로스 홀드의 위치보다 풍하의 위치에서 항해하는 코스를 말한다.(바람방향의 약 60°)

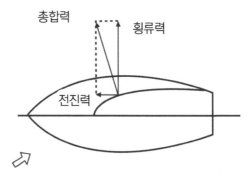

<그림 5-19> 풍상 범주시 추진력

③ 빔 리치: 바람방향의 정 측면으로 항해하는 코스를 말한다.(바람 방향의
약 90°)

❖ 풍하방향

세일링 요트가 바람을 뒤쪽에서 받아 범주하는 방법이 풍하범주이고 이때
는 추진원리에서 알 수 있듯이 바람에 의한 압력이 세일에 작용하게 된다.
다시 말해 세일을 경계로 작용하는 압력이 풍상 측에서는 높고 풍하 측에
서는 낮게 된다. 따라서 압력이 높은 풍상 측에서 압력이 낮은 풍하 측으로
나아가려는 힘이 발생하는데 이 힘을 총합력이라고 한다.

이러한 총 합력의 힘은 평행사변형 법칙에 의하여 세일링 요트를 앞으로
추진하는 전진력과 옆으로 밀리게 하는 횡류력으로 분리될 수 있으며 선저
에 장착된 킬과 같은 횡류방지장치에 의해서 횡류를 방지하면서 전진력을
이용하여 앞으로 나아갈 수 있다.

① 브로드 리치: 바람방향의 정 측면과 정 후면의 중간으로 항해하는 코스
를 말한다.(바람방향의 약 120°)

② 런닝: 바람의 방향과 함께 항해하는 코스를 말한다.(바람방향의 약 180°)

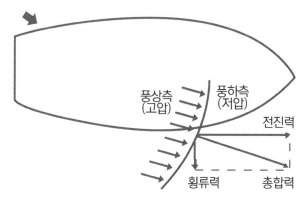

<그림 5-20> 풍하 범주시 추진력

5-3-3 세일링 이론과 범주 사례

❖ 세일링 이론

세일링 이론을 구체적으로 살펴보면 풍상에서 바람이 들어오는 바람과 세일의 캠버면의 일직선이 세일영각이며, 바람각과 세일을 당겨 들인 각에 따라 세일에 작용하는 양력, 횡력, 전진력 합력이 변화된다. 이렇게 세일을 당겨 들인 각의 기준을 어디에 두는가에 따라 세일링 요트의 순항 속도가 결정된다.

세일링 이론
β : 겉보기 풍향
α : 세일 영각
δ_s : 세일 당겨들인 각
L : 세일에 작용하는 양력
D : 항력
F_T : 합력
F_R : 전진력 성분
F_H : 횡력성분

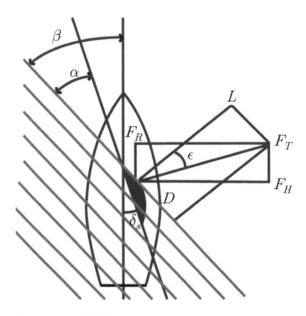

<그림 5-21> 세일링 이론

❖ 세일링 요트의 물리적 균형

힘의 균형

$F_R + R = 0$(추진력과 저항)
$F_H + F_S = 0$(경사력과 횡력)
$F_T + R_T = 0$(합력)

R_h:선체에 의한 저항
R_k:Keel에 의한 저항
R_r:Rudder에 의한 저항
DG : 타각

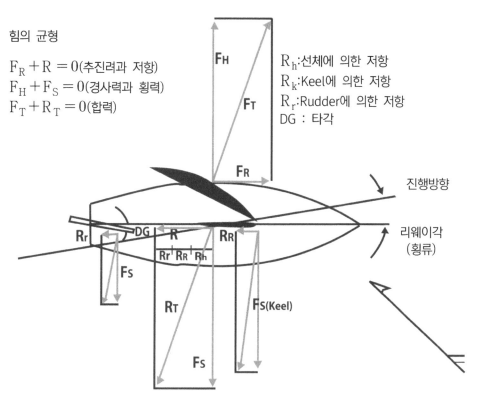

<그림 5-22> 세일링 요트의 물리적 균형

❖ 크로스 홀드 범주법의 해석

Close hauled에서 세일에 발생하는 힘의 관계

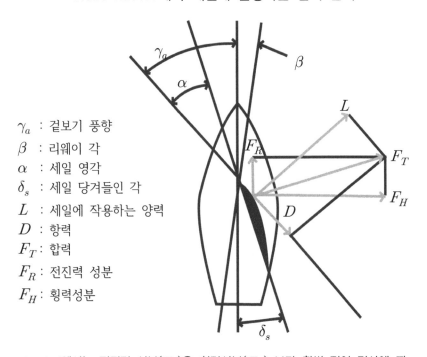

γ_a : 겉보기 풍향
β : 리웨이 각
α : 세일 영각
δ_s : 세일 당겨들인 각
L : 세일에 작용하는 양력
D : 항력
F_T : 합력
F_R : 전진력 성분
F_H : 횡력성분

Close hauled에서는 전진력 성분(F_R)은 횡력성분(F_H) 보다 훨씬 적어 경사에 따라서도 더 한 층 적어지기 때문에 이것을 떠 받치는 선체의 복원능률(Moment)은 대단히 중요한 속력요인으로 된다.

<그림 5-23> 크로스 홀드 범주법의 해석

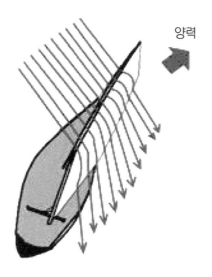

요트의 세일에 발생하는 양력

<그림 5-24> 크로스 홀드 범주법의 양력발생

<그림 5-25> 이상적인 크로스 홀드 범주법

❖ 빔 범주법의 해석

Abeam

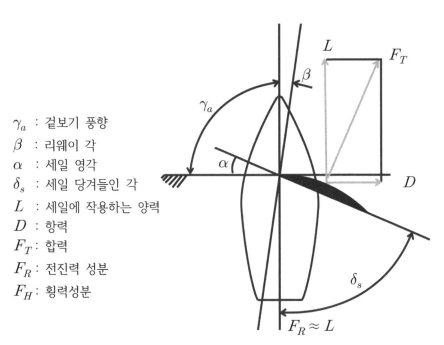

γ_a : 겉보기 풍향
β : 리웨이 각
α : 세일 영각
δ_s : 세일 당겨들인 각
L : 세일에 작용하는 양력
D : 항력
F_T : 합력
F_R : 전진력 성분
F_H : 횡력성분

정횡과 세일이 실속하지 않는 Broad reach에서는 세일에 미치는 양력(Lift)을 가
장 효과적인 전진력으로 이용할 수 있기 때문에 대부분의 보트들이 이범주구역에서
가장 빠름세를 보인다.

<그림 5-26> 빔 범주법의 해석

<그림 5-27> 강항 풍속의 크로스 홀드 범주법

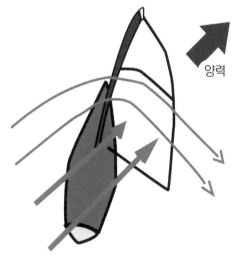

비스듬히 뒤쪽에서 바람을 받고 달리는 경우
압력 외에도 양력도 더해지므로 속력이 증가한다.

<그림 5-28> 빔 범주법의 양력발생

<그림 5-29> 이상적인 빔 범주법

<그림 5-30> 강한 풍속의 빔 범주법

❖ 러닝 범주법의 해석

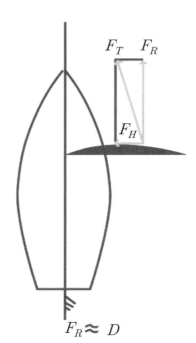

Running

D : 항력
F_T : 합력
F_R : 전진력 성분
F_H : 횡력성분

$F_R \approx D$

Running에서는 세일이 실속상태에 있으므로 양력은 작용하지 않고, 항력 (Drag)에 의해 밀려가는 상태로 생각보다 빨리 달리지 못한다. 양력이나 항력 은 기본적으로 면적에 비례해서 겉보기 풍속의 2승에 비례하는 크기지만, 세 일자체의 성질로서는 아스펙트 비(Aspect ratio)sk 캠버(Camber), 드래프트 (Draft) 위치 등에 따라서 변화한다. 아스펙트 비에 의한 효율의 변화는 풍향 에 대해서 민감해 풍상항(Close hauled)에서는 큰 것, 풍하항(Running)에서 는 작은 것이 유효하다.

<그림 5-31> 러닝 범주법의 해석

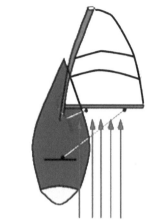

풍압만으로 달리는 Dead Running의 경우
속력은 그다지 기대할 수 없다.

<그림 5-32> 런닝 범주법의 압력발생

<그림 5-33> 이상적인 런닝 범주법

<그림 5-34> 강한 풍속의 런닝 범주법

5-3-4 슬롯효과와 겉보기 바람

❖ 슬롯효과

메인 세일과 집 세일 사이에 틈이 생기는데 이틈을 슬롯(slot)이라고 하고, 슬롯은 두 세일 사이의 공기 흐름을 조절하여 양력을 크게 하는 역할을 한다. 즉 슬롯은 좁기 때문에 공기의 흐름이 빨라진다. 그 결과 메인 세일의 풍하 측 압력이 낮아져 전진력이 한층 더 강하게 된다. 집 세일을 메인 세일에 너무 접근시키면 바람이 메인 세일의 두면을 치게 되어 슬롯효과가 상실되며, 간격이 비틀어 져도 마찬가지이다. 따라서 집 세일은 슬롯의 바람이 메인 세일의 풍하 측과 평행으로 부드럽게 흘러가도록 조절해야 하며, 일반적으로 강풍일 때는 미풍일 때 보다 메인 세일에 더 가깝게 한다.

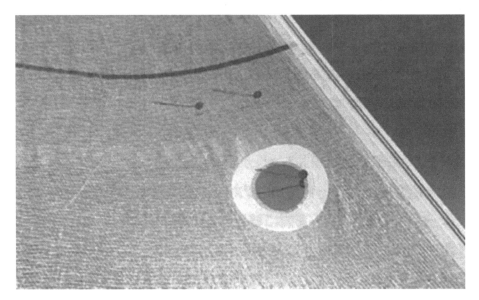

<그림 5-35> 슬롯효과와 텔 테일

슬롯효과에 대한 반응은 다음과 같다.

① 집 세일의 정확한 조정을 위해서 집 세일에 텔 테일(tell-tale)을 부착시켜야 하며, 텔 테일이 세일과 평행하면 세일이 바르게 조정된 것인데 항상 풍상 측과 풍하 측의 텔 테일을 함께 고려해야 한다. 양측의 텔 테일이 모두 세일과 평행하면 바르게 조정된 것이다.

풍상과 풍하 범주시에는 많은 변화요인이 발생하게 되는데 특히 슬롯의 간격은 무수히 많은 연습과 세일링을 통해서 얻어지게 된다. 세일링 요트마다 선형과 마스트, 세일, 리깅류가 틀리기 때문에 슬롯의 최적간격을 찾는 데는 많은 시간과 통계가 뒤따르게 된다. 또한 세일링 요트의 세일 캠버를 동일시 해도 바람이 들이는 각도가 틀리면 세일력을 발생하고 빠지는 공기의 흐름은 매우 혼잡하게 된다. 최상의 바람각을 형성한다는 것은 무수히 많은 연습과 경험의 결과이고 이러한 경험치를 바탕으로 다져진 크루와 스키퍼의 섬세한 조종 실력은 곧 성과로 도출될 것이다.

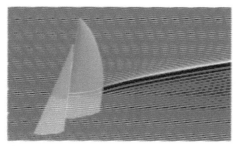
[camber ratio 8%-angle of attack 10°]

[camber ratio 8%-angle of attack 20°]

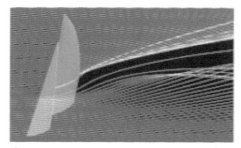
[camber ratio 8%-angle of attack 30°]

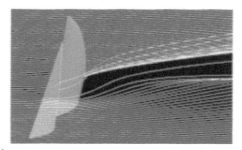
[camber ratio 8%-angle of attack 40°]

<그림 5-36> 슬롯효과 및 유체흐름

❖ 겉보기 바람과 참바람

맞바람을 받고 항해하는 풍상 범주와 뒤바람을 받고 항해하는 풍하범주에는 선수의 방향과 상관없이 불어오는 바람을 참바람 이라고 한다. 아울러 압력과 양력을 받는 세일의 양면사이로 통과하는 바람을 겉보기 바람이라고 하는데 특성을 살펴보면 풍상범주에 있어서 겉보기 바람이 참바람 보다 강하여 높은 속도로 유지되고 풍하 범주시에는 겉보기 바람이 참바람 보다 약한 현상이 나타나게 된다. 이러한 특성을 확인하고 풍상과 풍하 범주시에 활용하는 것도 필수적이라 할 것이다.

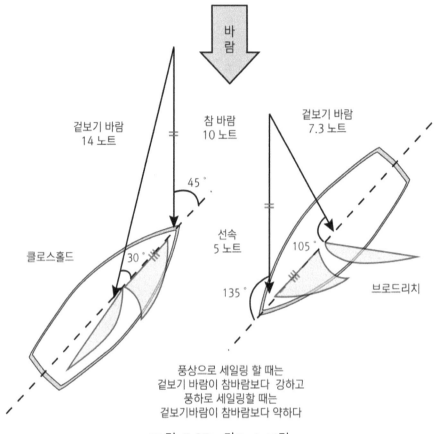

바람

겉보기 바람
14 노트

참 바람
10 노트

겉보기 바람
7.3 노트

45°

클로스홀드

선속
5 노트

30°

105°

135°

브로드리치

풍상으로 세일링 할 때는
겉보기 바람이 참바람보다 강하고
풍하로 세일링할 때는
겉보기바람이 참바람보다 약하다

<그림 5-37> 겉보기 바람

❖ 풍압 중심과 횡저항 중심

① 풍압중심(CE: center of effect)

세일 전체에 받는 바람의 총 합력을 풍압이라 한다. 세일의 각변 중심에서 다른 꼭지 점까지 이어지는 교차점이 풍압중심이 된다. 풍압중심은 도면상의 세일을 기준으로 하여 결정한 것이며 범주 중에는 세일이 풍하 측으로 이동하므로 이에 따라 풍압중심도 이동한다.

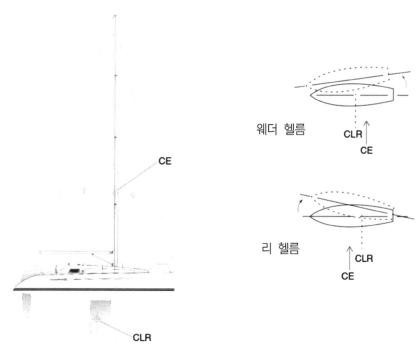

<그림 5-38> 풍압중심과 횡저항중심

② 횡저항 중심(CLR: center of lateral resistance)

세일에 작용하는 총 합력 중 횡류력은 요트를 옆으로 미는 작용을 하게 된다. 반면 킬과 같은 장치는 선체가 옆으로 밀리지 않도록 저항력을 가지게 한다. 이를 횡저항 이라 하며 선체가 옆으로 밀리는 것을 방지해주는 저항력의 중심점을 횡저항 중심이라 한다.

❖ 웨더헬름(weatherhelm)과 리헬름(leehelm)

① 웨더헬름(weatherhelm)

세일링 요트에서 풍압 중심과 횡저항 중심의 위치에 따른 선체 변경이 발생하게 되는데 풍압중심이 횡저항 중심보다 선미 쪽으로 치우쳐 있으면 선체를 풍하 측으로 미는 힘인 횡류력이 횡저항 중심을 기점으로 하여 선미를 풍하 측으로 밀게 되므로 선수가 풍상으로 돌게 되는 현상을 말한다.

따라서 강한 웨더헬름에 접했을 때 키를 조종하는 러더(rudder)의 방향은 선수와 동일하게 가져가게 되면 선수가 풍상 쪽으로 지속적으로 돌아 가버리게 된다. 강한 웨더헬름이 잡힌다고 가정하면 러더의 방향은 선수가 틀어지고자 하는 방향의 반대방향으로 틀어줘야 하는데 정상적인 웨더헬름에서 러더의 각도는 약 5°범위에 있어야한다.

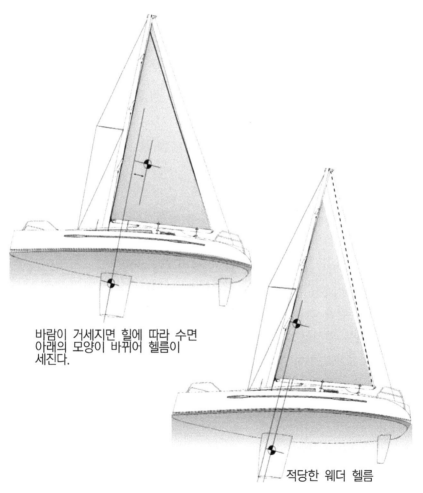

바람이 거세지면 힐에 따라 수면 아래의 모양이 바뀌어 헬름이 세진다.

적당한 웨더 헬름

<그림 5-39> 강한 웨더헬름과 정상적인 웨더헬름

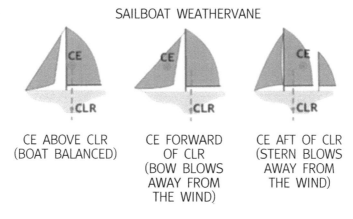

<그림 5-40> 웨더헬름과 리헬름

② 리헬름(leehelm)

웨더헬름과는 반대로 풍압중심이 횡저항 중심보다 선수 쪽으로 치우쳐 있을 경우 선수를 풍하 측으로 이동시키려는 횡류력이 작용하여 세일링 요트가 풍하 측으로 돌게 되는 현상을 말한다.

세일링 요트에서 가장 표현하기 어려운 부분이 웨더헬름과 리헬름이라고 할 수 있는데 풍압중심과 횡저항 중심을 선수측면에서 보게 되면 일정한 간격이 발생하게 된다. 이러한 간격을 리드(leed)값이라 하는데 바람의 강도에 따라서 리드값은 커지거나 작아진다. 세일링 요트에 작용되는 미세한 힘의 균형이 보이지는 않지만 존재하게 되고 리드간격에 따라 웨더헬름이나 리헬름의 현상이 나타나게 된다.

❖ 자유범주법

크로스 홀드 이외의 바람방위에서 범주하고 있을 때를 자유범주(free sailing)라 한다. 프리세일링에서는 항상 목적지가 되는 코스위에 목표물을 정하여 세일과 키를 조절한다. 메인세일은 풍량에 적절한 위치에 두게 되고 풍량과 풍속의 변화에 따라 범주코스가 바뀌게 한다.

❖ 황천범주법과 축범

풍량과 풍속이 강하면 안전항해를 대비해서 세일의 면적을 줄여야 하며, 출항 전 세일을 줄이는 축범(리핑)법을 알아야 한다. 물론 메인 세일이나 집세일이 펄링 방식이라면 그 조절이 간편하고 쉽게 이어질수 있으나 메인세일이 접는 방식이라면 붐에 리프 홀을 줄여주고 묶어주는 등 메인세일 면적을 작게 만들어 주고 집세일이 헹크스나 포일방식이라면 번호가 높은, 다시 말해 집세일 면적이 적은 세일로 교체하여 범장하는 것이 타당하다.

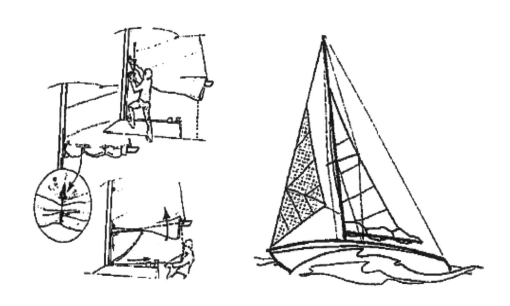

<그림 5-41> 메인세일 축범과 집세일 축범

5-4 태킹 및 자이빙 방향전환

5-4-1 풍상에서의 방향전환

세일링 요트는 풍상 방향 중 노고존으로 전진할 수 없다. 그러므로 풍상 방향으로 범주하기 위해서는 노고존 영역을 좌·우측으로 지나서 코스를 잡게 된다.

❖ 태킹(tacking)

태킹의 동작을 영어에서는 "come about"라고 한다. 어원에서 "택"이라고 하면 "연다"는 말이 있듯이 스타보트 택, 포트 택의 택이라는 것은 요트의 우현 쪽이라든가 좌현 쪽에서 바람을 받아서 달리고 있는 상태를 말하며, 동작을 말할 때는 "태킹"이라고 한다.

세일링 요트가 풍상으로 바람을 받을 때 노고존(풍상 방향 중 전진할 수 없는 각도)을 지나 반대쪽 크로스홀드로 방향을 전환하는 것을 말한다.

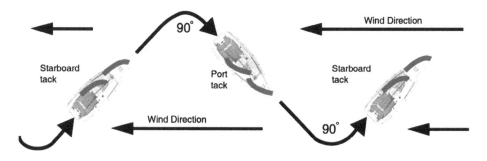

<그림 5-42> 태킹 방향전환

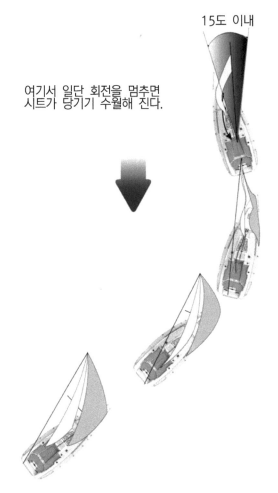

15도 이내

여기서 일단 회전을 멈추면
시트가 당기기 수월해 진다.

<그림 5-43> 포트 택에서 태킹동작

태킹은 오른쪽 열기, 즉 스타보트 택의 클로스홀드에서 왼쪽 열기, 즉 포트 택의 클로스 홀드 방향을 바꾸는 동작이나 혹은 그 반대의 동작을 말한다. 태킹의 각도는 세일링 요트에 따라 다른데, 올라가는 각도가 좋은 요트에서 75°정도, 조금 나쁜 요트에서 80~85°정도라고 볼 수 있다.

또한 태킹 동작에 있어 스타보트 윈치맨과 포트 윈치맨의 호흡이 매우 중요한데 노고존 방향으로 배가 들어설 때 특히 좌우의 윈치맨이 집 시트를 풀고 당겨주어야 쉽게 바람의 힘으로 태킹동작이 완성된다. 아울러 틸러의 조작도 주의 하여야 하는데 태킹 초기의 정속이 있을 때는 키를 작게 꺾는다. 여기서 키를 크게 꺾으면 러더에 의한 저항이 커져서 스피드 손실이 발생하게 된다. 태킹이 절반정도 진행되고 정속이 떨어지면 좀 더 크게 키를 꺾어서 바우를 돌린다. 그리고 목적한 쪽으로 바우가 향하기 전에 키를 되돌린다. 그 다음은 요트의 타력으로 바우는 목적하는 방향까지 돌아가게 되고 연속적으로 속도를 유지할 수 있는 기술적인 테크닉이 완성된다.

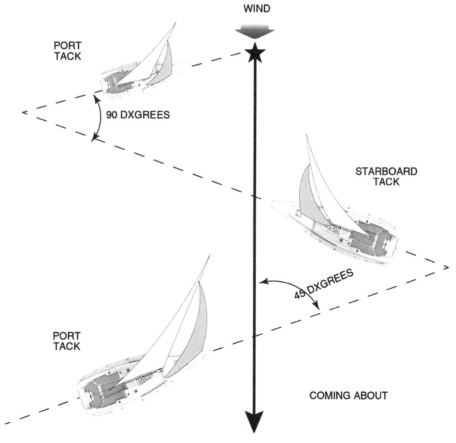

<그림 5-44> 좌·택에서 태킹 동작

【포트 택에서 스타보트 택으로 태킹요령】

① 키에 충분한 스피드를 붙여준다. 스피드를 붙이기 어려우면, 요트의 선수를 조금 풍하로 내리고, 세일이 바람을 받기 쉽게 스피드를 낸다. 스피드가 없으면 요트는 풍상으로 향하기 위해 도중에서 멈추어 버릴 위험이 있기 때문이다.

② 틸러는 그대로 메인 세일을 당기고, 요트를 풍상으로 향하게 한다. 동시에 틸러로 요트가 풍상으로 향하는 것을 돕는다. 요트가 풍상으로 향하면 세일은 시버(shiver: 바람을 받지 않고 펄럭이는 모양)상태가 된다.

③ 집 세일을 느슨하게 하고, 메인 세일이 반대에서 바람을 받는 것을 지켜본다.

④ 메인 세일의 시버 상태는 멈추고, 바람을 품는 것과 동시에 집 세일을 반대쪽으로 바꾼다.

⑤ 새로운 방향이 정해지면 키를 본래로 되돌리고 크로스 홀드로 달린다.

이렇게 태킹의 방향전환 순서를 익혀두고 숙달될 때까지 반복적으로 팀원의 기량을 향상시키는 게 중요하다. 특히, 바람이 약할 때나 파도가 높을 때는 요트에 스피드가 없으면 태킹 중에 멈추기 십상이다. 태킹 중에 실패하면 틸러를 풍하로 향하고 집 세일을 풍상으로 달아 요트의 선수가 풍하로 도는 것을 기다리고, 한번 달려본 다음 재 태킹을 실시하면 좋다.

5-4-2 풍하에서의 방향전환

세일링 요트는 풍상 방향으로 전환 할 때와 같이 풍하 범주에서도 여러번의 방향 전환을 하여야 목적지까지 안전하게 항해 할 수 있다. 이러한 풍하의 범주는 매우 어려운 세일링 범주 기법 중에 하나이다. 특히 크루징 세일링 요트에서는 크게 뻗은 붐과 함께 스피네이커 다루기가 매우 까다롭다.

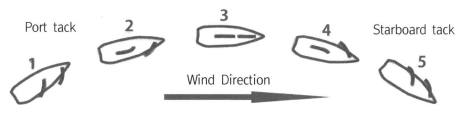

<그림 5-45> 자이빙 방향 전환법

❖ 자이빙(gybing)

세일링 요트를 풍하범주 상태에서 방향을 전환 하는 것이 자이빙이다. 자이빙은 선미 쪽으로부터 바람을 받아 방향을 전환하는 것을 말하며, 준비되지 않은 자이빙은 태킹과 달리 붐이 콕핏 위를 큰 각으로 빠르게 지나가게 되므로 크루의 머리에 부딪치는 등 위험하고 사고 발생율이 높은 환경에 처하게 된다.

자이빙을 하는 데는 틸러를 풍상으로 당겨서 바우가 풍하로 도는 것을 맞추어 메인시트를 당기기 시작한다. 그리고 바우가 풍하로 향했을 때 , 붐이 요트의 중앙에(킬 라인의 위치) 오도록 메인 시트를 끌어당긴다. 혹, 이것이 이상적이지만, 바람이 거셀 때는 어려움이 있다. 대개는 메인 시트를 충분히 당겼다 해도 메인 세일은 그 때까지 풍하 쪽에 조금 나가 있어서 선미쪽을 바람의 방향으로 바꾸게 되면 풍하 쪽으로 이동하게 된다. 이 순간 붐에 크루의 머리가 부딪치는 사고, 즉 붐 펀치를 일으킬 수 있으므로 크루들은 몸을 낮추어 동작하며 붐의 움직임을 주시하여야 한다. 붐이 바뀌게 되면 일단 메인 시트를 충분히 내어준다. 다만 너무 많이 붐을 내어주게 되면 마스트 사이드에 있는 시라우드를 칠 수 있기 때문에 이점을 주의하여야 한다. 또한 집세일은 메인 세일이 머리 위를 지나감과 동시에 전환시켜 주는 것이 좋다.

바우를 희망하는 방향으로 돌리면 틸러로 요트의 회전을 멎게 하고 메인 세일과 집 세일을 트림하여 세일링을 이어나가게 된다.

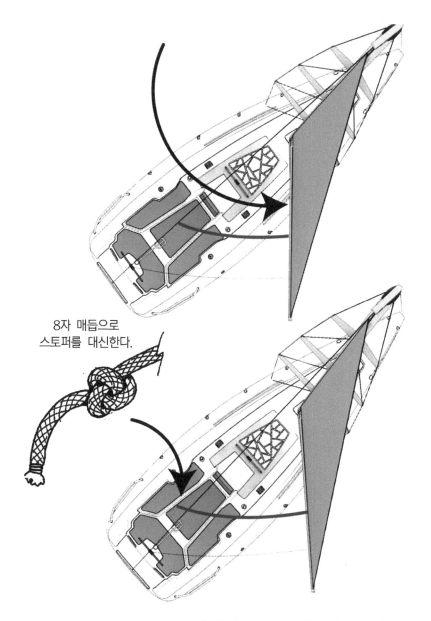

8자 매듭으로
스토퍼를 대신한다.

<그림 5-46> 자이빙 동작시 붐의 과한 이동

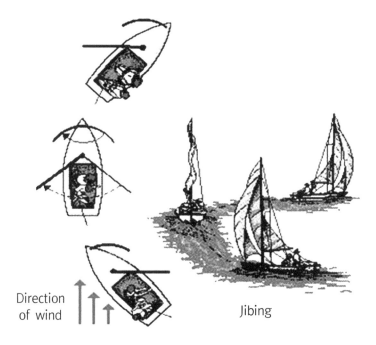

Direction
of wind

Jibing

<그림 5-47> 포트 택에서 자이빙 동작

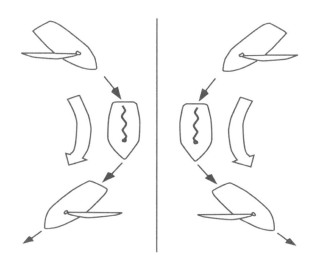

<그림 5-48> 좌·우 택에서 자이빙 동작

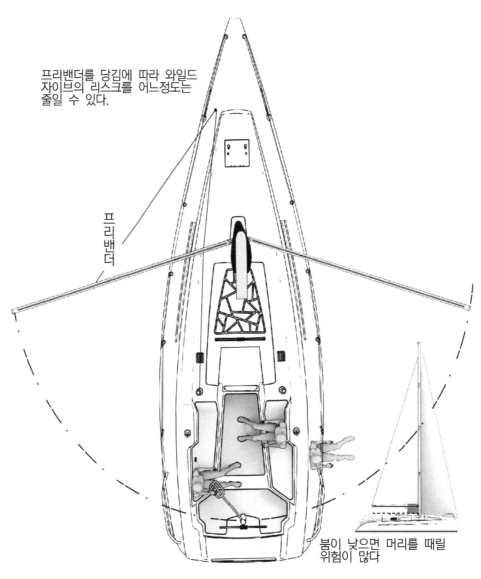

프리밴더를 당김에 따라 와일드 자이브의 리스크를 어느정도는 줄일 수 있다.

프리밴더

붐이 낮으면 머리를 때릴 위험이 많다

<그림 5-49> 붐의 이동과 위험성

【자이빙 요령】

① 메인 세일을 요트의 중앙까지 끌어당겨 붙이고 바람을 완전히 세일링 요트의 후방에서 맞도록 키를 조정한다.

② 틸러를 조금 풍상으로 향하고 메인세일이 바람을 반대쪽에서 받기 쉽도록 한다. 바람을 받는 세일은 다음 순간 반대쪽에 열기 시작하기 때문에 시트가 얽히지 않도록 한다.

③ 메인 세일이 런닝의 상태가 되면 집 세일을 새로운 방향으로 바꾸어 단다. 이중에 특히 중요한 것을 틸러는 절대 놓아서는 않된다는 것이다. 만일 틸러를 놓으면 요트는 극도로 풍상으로 돌아가게 되고 자이빙도 불가능하여 전복의 위험까지 맞게 된다.

5-4-3 러핑과 베어링 어웨이

세일링 요트를 자유롭게 다룬다는 것은 오랜 시간 경험과 연습이 필요하다. 특히 풍상이나 풍하방향으로 전환하는 데는 풍압중심과 횡저항 중심을 기본으로 하여 풍상 측으로 선수를 돌리거나 풍하 측으로 선수를 돌리는 기본적인 범주법이 필수적으로 따르는데 풍상 측으로 이동하는 것을 러핑이라 하고 풍하 측으로 선수를 돌리는 것을 베어링 어웨이라고 한다.

❖ 러핑(luiffing)

러핑은 세일링 요트의 선수를 바람이 빠져나가는 풍하코스에서 바람이 불어오는 방향인 풍상 코스로 전환하는 것을 말하며 풍상 노고존에 가까워지는 것으로 변화하는 것에 따라서 세일 트림을 한다.

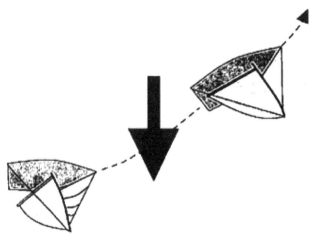

<그림 5-50> 러핑동작

❖ 베어링 어웨이(bearing away)

세일링 요트의 선수를 풍상 세일링에서 풍하 방향으로 코스를 전환하는 것을 말하며, 러핑의 반대로 노고존으로 부터 멀어지는 것을 말한다.

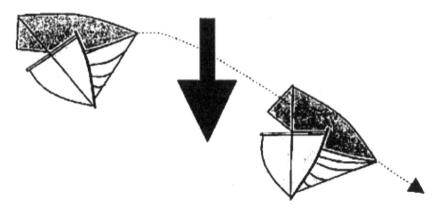

<그림 5-51> 베어링 어웨이 동작

5-4-4 풍하에서의 스피네이커 사용법

세일링 요트를 처음으로 접하는 이에게 가장 복잡하고 어렵게 다루어 지는 분야가 스피네이커 세일이다. 특히 세일면적이 크고 풍하 바람에서 최대의 스피드를 낼 수 있는 장점을 가지고 있지만 조종이 까다롭고 크루와 스키퍼의 손발이 최상으로 맞아야만 범장할 수 있는 특징이 있다. 메인 세일은 기본으로 하고 집 세일을 접고 스피네이커를 올려서 항해하는 방법과 메인 세일을 범장한 상태에서 집 세일을 해장하지 않고 집세일의 바깥쪽으로 스피네이커를 치는 방법이 있다.

<그림 5-52> 스피네이커를 활용한 세일링

❖ 스피네이커 세일의 특성

스피네이커 세일은 메인 세일이나 집 세일과는 다른 전개법을 가지고 있다. 특히 바람을 가르는 부분을 먼저 아래에서 묶어주는 택부분과 바람을 보내는 부분의 끝에 해당하는 클루가 메인세일과 집세일에는 정해져 있는데 스피네이커 세일은 한쪽이 택이 되기도 하고 클루가 되기도 하는 자유스러운 세일이라는 것이다. 메인 세일은 바람을 가르는 부분인 러프를 마스트에 고정시키고 풋을 붐의 끝부분에 고정시키고 있다. 또한 집 세일은 러프가 포어 스테이에 고정되어 있기 때문에 시트를 늦추어도 세일은 펄럭일 뿐이다.

그러나 스피네이커로 가면 피크는 헬려드에 매달려 있을 뿐이다. 더욱이 택은 스피네이커 폴의 끝에서 고정되어 있으나 전혀 움직이지 않는 것이 아니다. 러프와 리치는 제각기 자유스럽게 움직인다. 클루는 한가닥의 시트로 조절된다. 말하자면 공중에 매달린 세일을 바람에 맞추어서 조절한다는 것이다. 이것만을 염두에 두고 조작한다면 그다지 어렵지 않지만 바람의 방향이나 풍속에 따라 자유롭게 움직이기 때문에 조절하기가 매우 힘들다.

스피네이커 임무에 숙달되는 방법은 출항할 때마다 반드시 전개하는 연습을 하는 수밖에 없다. 간혹 바람이 너무 강해서 스피네이커를 범장하기 힘들 때는 세팅하는 것을 연습함으로써 기능을 숙달하도록 해야 한다. 스피네이커는 우선 스피네이커 폴을 세트하고 스피네이커 백을 택에 꺼내어 가이(guy:스피네이커의 바람을 먼저 받는 부분)와 시트(바람을 흘려보내는 쪽)를 택과 클루에 세트한다. 동시에 리프트와 다운홀을 세트한다.

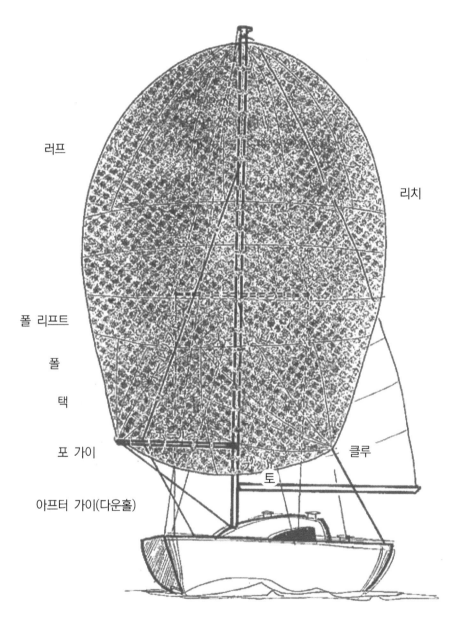

러프

리치

폴 리프트

폴

택

포 가이

클루

토

아프터 가이(다운홀)

<그림 5-53> 스피네이커 범장모습

❖ 스피네이커 백

스피네이커 백은 쉽게 생각할 때 스피네이커를 담아두는 단순한 가방으로 생각하기 쉽다. 하지만 스피네이커를 러프쪽, 리치쪽, 피크쪽의 시트를 연결시키고 쉽게 벗겨내서 범장하도록 쓰임새를 높이는 것이 가장 중요하다. 따라서 사각의 직면체로 만들어 지는게 유리하고 선체 외측 면에는 라이프 라인에 걸 수 있는 스냅 훅(snap hook)을 붙여두면 효과적이다. 이렇게 라이프 라인에 고정시킬 수 있으면 힐링 할 때 해수에 의해서 쓸려가는 것을 방지할 수 있는 장점이 있다.

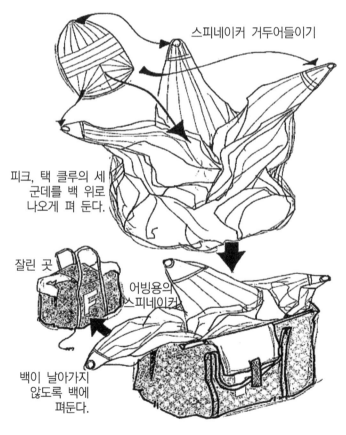

스피네이커 거두어들이기

피크, 택 클루의 세 군데를 백 위로 나오게 펴 둔다.

잘린 곳

어빙용의 스피네이커

백이 날아가지 않도록 백에 펴둔다.

<그림 5-54> 스피네이커 백

❖ 스피네이커 폴

정박 중이라면 한 손으로도 쉽게 붙잡고 마스트에 걸 수 있다고 생각하지만 스피네이커 폴을 실제 세일링 중에 작업하기에는 흔들림이 크고 발 딛음이 나빠질 수 있는데 좁은 선수의 바우 영역에서 다루기 때문에 매우 힘든 전개 시스템이라고 할 수 있다.

스피네이커 폴에 요구되는 충분한 강도는 스피네이커 폴을 전개하여 옆바람인 빔으로 항해할 때 휘어지지 않고 버틸수 있는 정도의 탄성과 강성이 있어야 한다. 그리고 폴을 에프터가이(after guy)에 의해 스턴 방향으로 당겨져 있다. 따라서 폴에는 마스트 전방으로 상당한 텐션이 작용하게 된다.

또한 스피네이커 폴의 양쪽 끝에 붙어 있는 부품은 핀에 붙어 있는 로프를 당겨서 개방형 홈에 넣게 된다. 의외로 무시되는 것이 개방형 홈의 방향이다. 택에 놓아둔 폴을 가지고 올려 밑동을 마스트의 피팅의 아래로부터 세팅하기 때문에 개방형 홀의 위가 열리는 편이 좋다. 앞쪽의 끝도 에프터가이를 풀 때에 위쪽이 열리는 편이 좋다. 아울러 스피네이커 세일을 해장할 때에는 괜찮지만 자이빙할 때는 핀을 당기면 스피네이커는 위로 올라가기 때문에 에프터가이도 위로 당겨지기 마련이다. 그러므로 위가 열리게 되지 않으면 가이는 폴에서 풀리지 않게 된다.

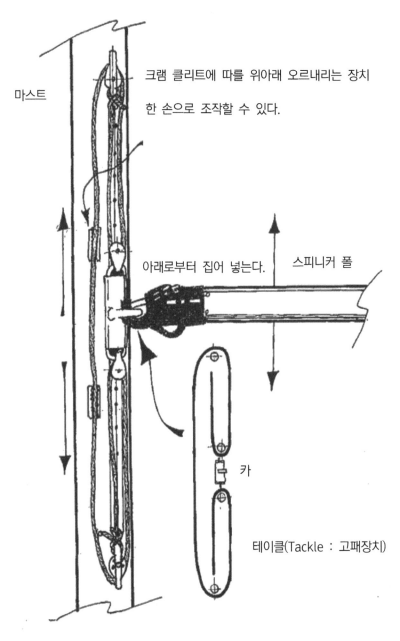

마스트

크램 클리트에 따를 위아래 오르내리는 장치
한 손으로 조작할 수 있다.

아래로부터 집어 넣는다.

스피니커 폴

카

테이클(Tackle : 고패장치)

<그림 5-55> 스피네이커 폴

❖ 스피네이커 세일의 시트와 가이

스피네이커 세일링 중에 자이빙이 없다면 한결 작업이 간편하겠지만, 코스에 따라서 풍향의 변화에 따라서 자이빙을 할 수밖에 없는 상황이 만들어진다.

스피네이커 러프와 리치를 다루는 방법이 풍향에 따라 바뀌는 것처럼 시트와 가이의 부리는 방법도 달라진다. 풍상 쪽은 가이가 되고 풍하 쪽은 시트가 된다. 시트, 에프터가이의 취급을 생각할 때는 자이빙의 상황을 주시해야 한다.

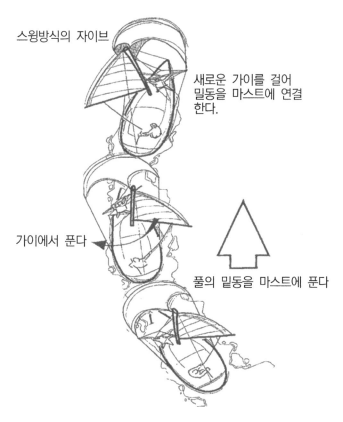

스윙방식의 자이브

새로운 가이를 걸어 밀동을 마스트에 연결한다.

가이에서 푼다

풀의 밑동을 마스트에 푼다

<그림 5-56> 스피네이커 시트와 가이의 변경

❖ 스피네이커 폴 리프트와 다운홀

리프트는 스피네이커 폴의 앞 끝에 걸어 올리기 위해 존재한다. 스피네이커를 범장하기 전에 폴을 희망하는 높이로 갖기 위해 사용하는 것이 스피네이커 폴이다. 스피네이커로 세일링을 할 때 바람이 약해서 스피네이커의 클루를 끌어 올릴 만큼의 풍압이 없을 때에는 리프트를 늦추어서 폴의 높이를 내린다. 리프트에는 그만큼 힘이 걸리지 않으므로 로프는 가늘어도 좋고, 특히 큰 세일링 요트가 아닌 한, 폴의 앞끝에서 리프트를 세트하고 있는 경우는 집 시트를 스피테이커 폴 위를 지나게 하고 있기 때문에 폴의 앞 끝에서 20~30 cm 정도의 중앙 쪽으로 리프트를 거는 아이를 부탁하는 편이 혼란이 적다.

그에 비해서 폴 가이에는 한결 더 힘이 걸린다. 바람이 거세지면 스피네이커가 춤을 추며 올라가는가 하면 택에 연결된 폴의 앞 끝도 올라가 버린다. 그것을 막는 것이 폴 가이의 역할이다.

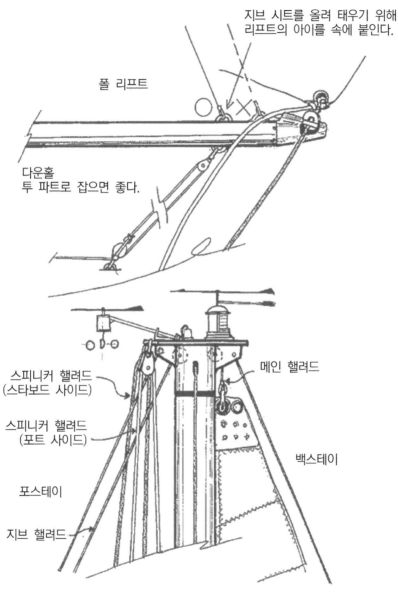

지브 시트를 올려 태우기 위해
리프트의 아이를 속에 붙인다.

폴 리프트

다운홀
투 파트로 잡으면 좋다.

스피니커 핼려드
(스타보드 사이드)

스피니커 핼려드
(포트 사이드)

메인 핼려드

백스테이

포스테이

지브 핼려드

<그림 5-57> 스피네이커 리프트와 다운홀

❖ 스피네이커 헬려드의 특성

스피네이커를 전개할 때는 집세일의 그늘에서 올린다. 따라서 스피네이커 헬려드에는 그다지 큰 힘이 걸리지 않게 된다. 그러나 스피네이커 세일을 내릴 때는 많은 힘으로 당겨지기 때문에 블록을 통해서 윈치로 리드해야하고 이후에 다시 전개할 때 헬려드를 당겨서 스피네이커를 높이 올리거나 늦추어서 마스트에서 떨어트리는데 수월하다.

<그림 5-58> 스피네이커 헬려드의 특성

❖ 스피네이커 범장법

스피네이커를 올리기 위해서는 팀원의 역할에 따른 충분한 연습을 되풀이하고 이를 마스터 했다면 실제로 스피네이커를 범장한다. 스피네이커의 사용에 있어서 문제가 생길 확률은 내릴 때가 특히 많다. 범장할 때에도 주의를 기울여야만 트러블을 방지 할 수 있다. 제일먼저 피크, 택, 클루 부분을 각각의 시트, 즉 헬려드나 가이, 시트에 바르게 연결하여 묶는 것이다. 특히 시트와 포가이를 라이프 라인에 걸리지 않도록 클리어 하게 리드하는 것이고 다음은 집세일의 좌우 시트를 스피네이커 폴의 위로 지나게 해두는 것이다. 이것은 스피네이커를 내릴 때 폴을 내려서 곧바로 집세일을 사용할 수 있게 하기 위해서 중요하다. 스피네이커 세일을 전개하기 전에 리프트를 당겨서 폴을 올리고 그때의 바람에 맞추어 높이를 조정해 둔다. 또한 폴을 세트하기 위해 포가이도 자리를 잡아서 스피네이커가 전개될 때 폴이 올라가버리는 상태를 예방해 두는 것이 좋다.

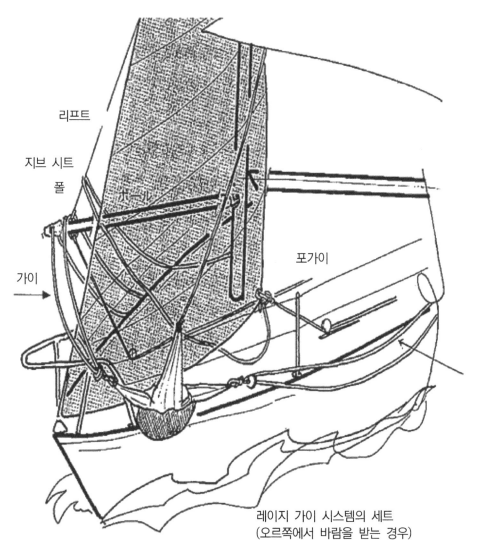

리프트

지브 시트

폴

가이

포가이

레이지 가이 시스템의 세트
(오른쪽에서 바람을 받는 경우)

<그림 5-59> 스피네이커 범장법

❖ 스피네이커 세일링과 폴의 높이

스피네이커를 활용하는 세일링에서 가장 중요한 요소는 스피네이커 폴을 잘 다루어야 한다. 폴의 높이나 바람에 대한 열린 각도를 잘 생각하여 방향과 함께 고려되어야 한다. 조금이라도 바람 방향과 풍속이 바뀌게 되면 자연스럽게 그 변화에 맞게 대응하여야 하고 또 중요한 것은 스키퍼는 다른 크루가 그 작업을 말끔하게 하도록 피팅 부분을 배려하고 상호 소통을 통해서 이해할 수 있도록 리드해야한다.

스피네이커를 범장하기 전에 바람에 맞는 폴의 높이를 생각하여 고정하고 스피네이커를 올리게 되면 초기 맞춰놓은 높이가 적당한지 점검한다. 특히, 폴의 높이는 스피네이커의 클루 높이에 따라 결정되는데 바람이 약해서 스

택과 클루를 잇는 라인이 붐과 평행이 되도록 한다.

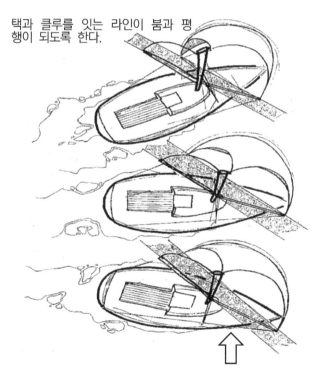

<그림 5-60> 스피네이커에 들어오는 바람의 열린 각도

피네이커가 축 쳐져 있을 때는 클루도 낮아지게 되므로 폴도 낮게 처진다. 좋은 바람이 불어서 스피네이커가 높이 올라가 있을 때는 폴도 높이 들려 지게 된다. 또한 스피네이커의 바람에 대한 열린 각도는 기본적으로 세일링 요트에 받는 바람이 직각으로 유지되도록 설치하는게 기본이며, 상황에 따 라 최상의 스피네이커가 전개되도록 미세하게 조종하는 연습도 이루어 져 야한다.

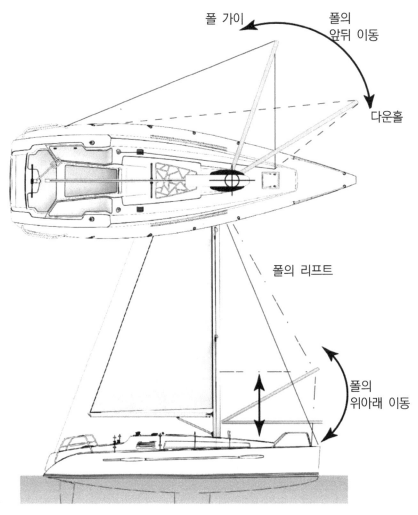

폴 가이

폴의 앞뒤 이동

다운홀

폴의 리프트

폴의 위아래 이동

<그림 5-61> 스피네이커 폴의 높이

❖ 런닝의 방위에서 스피네이커 세일링

런닝이나 쿼터링 존에서의 스피네이커 세일링 기법은 기준이 명확하다. 바람이 앞으로 돌면 스피네이커 폴도 앞으로 내고 뒤로 돌면 폴도 뒤로 가지고 간다. 다만, 가이를 늦추어 폴을 앞으로 내면 다운홀을 죈다. 가이를 당겨서 폴을 뒤로 당길 때는 다운홀을 늦춘다. 이두가지 동작을 자연스럽게 진행하는 것이 기술이다.

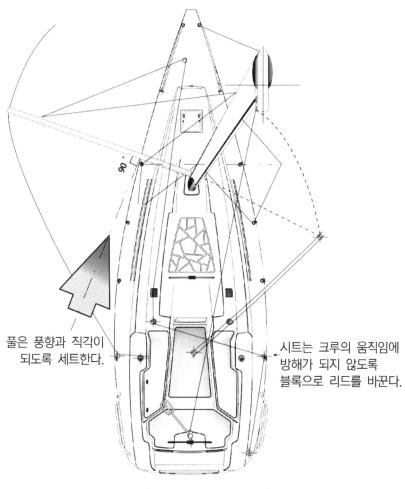

풀은 풍향과 직각이
되도록 세트한다.

시트는 크루의 움직임에
방해가 되지 않도록
블록으로 리드를 바꾼다.

<그림 5-62> 스피네이커 폴의 높이

❖ 스피네이커 세일의 시트 조절

스피네이커의 세일링에서 세일의 앞 끝은 택에 해당하고 이 부분은 에프터 가이, 다운홀, 폴리프트 등 3가지로 조절하는데, 클루쪽은 스피네이커 폴만으로 조절한다. 클루는 언제나 흔들리므로 그 조절은 많은 연습과 감각의 경험으로 이루어진다.

일반적으로 시트의 조절은 풍상쪽의 사이드 택에서 슈라우드의 가까이에 크루가 서서 조절한다. 이위치는 스피네이커의 세일 상황을 가장 잘 볼 수 있기 때문이다. 시트 트림은 지나치게 당기지 않아야 하고 늦추면 리치가 펄럭거리므로 트림의 실수를 명확히 알 수 있다. 그러나 지나치게 당겼을 때에는 아무런 변화도 일어나지 않고 요트의 달림새가 나빠진다.

이렇게 수시로 변화하는 스피네이커를 안정적으로 운영할 때는 러프가 약 30 cm정도, 때때로 펄럭거리며 접혀들 만큼 조절하면 이롭다. 이러한 역할은 시트의 조절을 담당하는 트림 맨의 노련한 경험으로 완성되는데 잠깐만 방심하면 러프는 심하게 접혀버리고 잘못하면 집세일의 포어 스테이에 스피네이커가 감겨버리는 불상사가 나타나기도 한다.

스피네이커 세일의 전개와 운용에서 바람이 약할 때는 트리머 한사람으로 시트를 당기지만, 바람이 강하게 불면 당기기가 어려워진다. 이때는 콕핏의 크루가 윈치 핸들을 사용하여 시트를 끌어 당겨준다. 트리머와 콕핏 크루, 두 사람의 호흡이 매우 중요하다.

모진 바람에서는 시트의 윈치에 한
사람이 붙어서 트리머에 맞추어
핸들을 돌린다. 트림은 러프가 조금
접힐 만큼이 좋다.

<그림 5-63> 스피네이커 세일의 시트 조절

❖ 스피네이커 세일의 자이빙 범주

세일링 요트에서 집세일을 자이빙하는 원리와는 조금 다른 것이 스피네이커 자이빙 범주이다. 우선 자이빙의 순서로는 폴의 운영을 들 수 있다. 스피네이커 폴은 3가지의 종류가 있는데 스윙폴은 세일의 택과 마스트의 폴 끝단을 이탈하여 스타보트 택이나 포트 택으로 재설치하는 것이다.

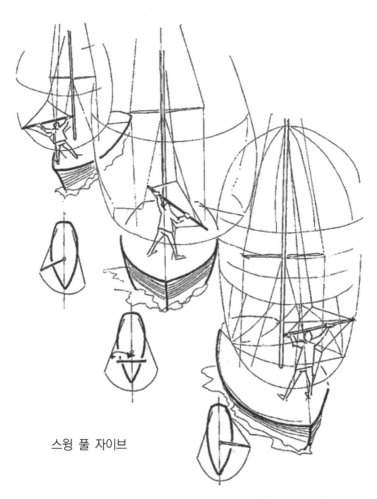

스윙 풀 자이브

<그림 5-64> 스피네이커 세일의 스윙폴 자이빙

두 번째로 투 폴 자이빙이 있다. 이는 스타보트 택과 포트 택에 두 개의 스피테이커 폴을 설치하여 각각의 방향으로 택할 때 사용하는 방법이다.

마지막으로 디프 폴 자이빙을 들 수 있는데 한 개의 폴을 사용하고 마스트에 장착된 폴 트랙을 활용하여 밑동을 높이 올려 그 앞 끝을 포어스테이의 아래로 기어들어가게 하는 자이빙으로 폴의 한쪽의 끝이 항상 마스트에 붙어 있어 안정성이 높다.

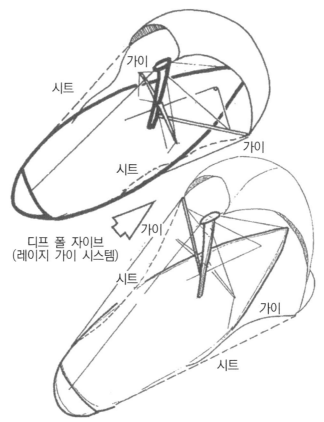

풍하의 시트를 정해서 러닝으로 하면 수월하다.
폴의 밑등을 올려 폴의 앞 끝이 포 스테이의 아래를 지나도록 한다.

<그림 5-65> 스피네이커 세일의 디프 폴 자이빙

❖ 스피네이커 세일의 해장법

스피네이커 세일은 앞서 말한바와 같이 올리는 것보다 내리는 상황에서 훨씬 더 어려움이 있다. 세일의 넓은 면적에 바람을 품고 있는 상태에서 스피네이커 백에 완벽하게 담아들이는 역할은 전체 크루가 신경써야 할 요소이다.

바람이 약할 때나 파도가 없는 때는 어떤 방법으로든 내릴 수가 있으나 바람이 세지면 쉽게 내려서 사려지지 않는다. 여기에서 중요한 것이 내리는 타이밍을 맞추는 것이다.

스피네이커 세일을 내리는 이유는 몇 가지가 있는데 우선 달리고자 하는 방향과 바람방향이 틀려져서 범장의 해택을 볼 수 없는 상황에 놓였을 때, 풍향이 선수에서 40도 이하가 되었을 때, 바람의 세기가 거세진 경우, 파도가 높아 스피네이커 환경이 어렵게 될 때, 마지막으로 좀 더 가볍거나 무거운 스피네이커로 교체하고자 할 때를 들 수 있다. 내리는 방법은 여러 가지가 있으나 원칙은 스피네이커 세일과 가이 혹은 시트를 물에 흘려보내지 않는 것이다.

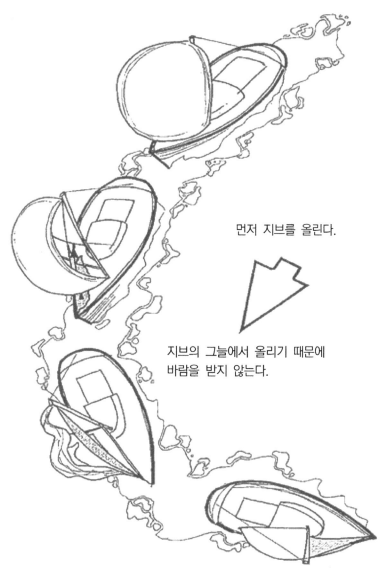

먼저 지브를 올린다.

지브의 그늘에서 올리기 때문에
바람을 받지 않는다.

<그림 5-66> 스피네이커 세일을 내리는 타이밍

스피네이커 세일을 내리는 방법 중에 가장 많이 사용하는 방법이 리핑부터 내리는 방법이다. 스피네이커 세일을 내리고자 할 때는 먼저 집 세일을 범장한다. 스피네이커를 단독으로 내리게 되면 메인세일 한 장으로 달리게 되어 불안정한 상태의 풍하바람을 받게 된다. 따라서 집 세일을 올리고 집세일의 그늘에서 스피네이커를 내리게 되면 품고 있는 바람의 영향도 적어지고 리치를 당겨주고 나서 가이를 차츰 늦추어서 세일의 영역을 줄이고 최종으로 스피네이커 헬려드를 내려줌으로써 백에 거두어 들일수가 있다.

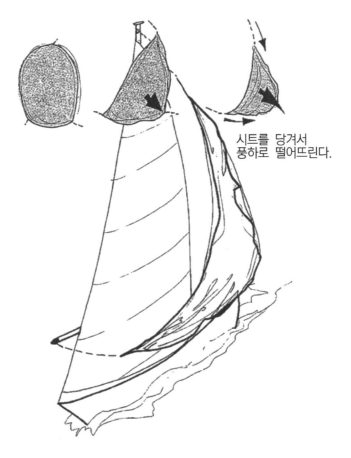

시트를 당겨서
풍하로 떨어뜨린다.

<그림 5-67> 스피네이커 세일의 리치부터 내리는 방법

5-5 세일링 요트의 대회규정

❖ 범주항해 규칙

세일링 요트가 풍상으로 범주하고 있을 때 바람 받는 범위가 스타보트 택이나 포트 택으로 서로 반대 택에 있을 때 포트 택에 있는 배는 스타보트 택으로 항해하는 배를 비켜주어야 한다.

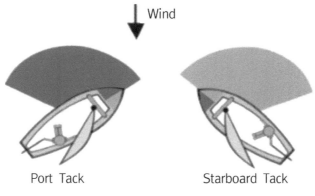

<그림 5-68> 같은 위치 스타보트 택 우선정

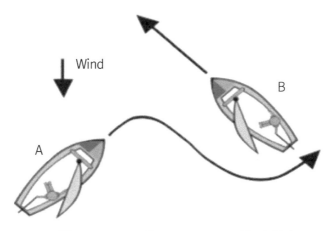

<그림 5-69> 교차점에서 스타보트 택 우선정

배가 서로 반대 택에 있을 때, 포트 택 배(A,C)는 스타보드택 배(B)를 비켜 주어야 함

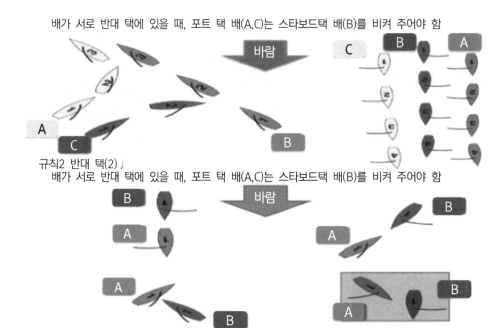

규칙2 반대 택(2))

배가 서로 반대 택에 있을 때, 포트 택 배(A,C)는 스타보드택 배(B)를 비켜 주어야 함

<그림 5-70> 서로 반대 택에서 스타보트 택 우선정

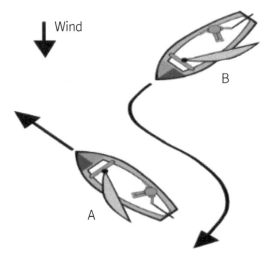

<그림 5-71> 같은 택에서 풍상과 풍하 범주시 풍상범주 우선정

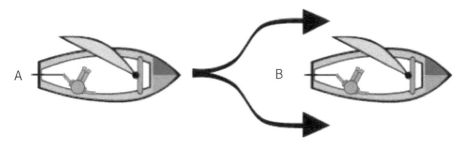

<그림 5-72> 같은 택에서 같은 방향의 범주시 선두정이 우선정

6

CHAPTER

세일링 요트 조정면허 취득방법

6-1 조종면허 취득과 법적 근거

6-1-1 수상레저안전법

❖ 목 적

수상레저활동의 안전과 질서를 확보하고 수상레저사업의 건전한 발전을 도
모함을 목적으로 한다.

❖ 정 의

① "수상레저활동"이란 수상에서 수상레저기구를 이용하여 취미·오락·체육·
교육 등을 목적으로 이루어지는 활동을 말함.

② "수상레저기구"란 수상레저활동에 이용되는 선박이나 기구로서 대통령
령으로 정하는 것을 말함.

⌘ 수상레저기구

수상레저안전법 시행령 제2조(정의) (대통령령으로 정하는 것)	수상레저안전법 시행규칙 제1조의2(정의) (해양수산부령으로 정하는 것)
1. 모터보트 2. 세일링요트(돛과 기관이 설치된 것) 3. 수상오토바이 4. 고무보트 5. 스쿠터 6. 호버크래프트 7. 수상스키 8. 패러세일 9. 조정 10. 카약 11. 카누 12. 워터슬레드 13. 수상자전거 14. 서프보드 15. 노보트 16. 그 밖에 제1호부터 제15호까지의 수상레저기구와 비슷한 구조·형 및 운전방식을 가진 것으로서 해양수산부령으로 정하는 것	1. 무동력 요트 2. 윈드서핑 3. 웨이크보드 4. 카이트보드 5. 케이블 수상스키 6. 케이블 웨이크보드 7. 수면비행선박 8. 수륙양용기구 9. 공기주입형 고정식 튜브 10. 물추진형 보드 11. 그 밖에 1호부터 제 15호까지의 수상레저기구와 비슷한 구조·형태 및 운전 방식을 가진 것

(수상스키)	(딩기요트)

(패러세일)	(윈드서핑)
(조정)	(웨이크보드)
(카약)	(카이트보드)

(카누)	(케이블 수상스키)
(워터슬래드)	(케이블 웨이크보드)
(수상자전거)	(수면비행선박)

(서프보드)	(수륙양용기구)
(노보트)	(공기주입형 고정식 튜브)
(물 추진형 보드)	

③ "동력수상레저기구"란 추진기관이 부착되어 있거나 추진기관을 부착하거나 분리하는 것이 수시로 가능한 수상레저기구로서 대통령령으로 정하는 것을 말함.

⌘ 동력수상레저기구

1) 수상레저안전법 시행령 제2조(정의) 에서의 2) 제1항 제1호부터 제6호까지의 어느 하나에 해당하는 것
1. 모터보트 2. 세일링요트(돛과 기관이 설치된 것을 말함) 3. 수상오토바이 4. 고무보트 5. 스쿠터 6. 호버크래프트

④ "수상"이란 해수면과 내수면을 말함

¤ 해수면: 바다의 수류나 수면을 말함.

¤ 내수면: 하천, 댐, 호수, 늪, 저수지, 그 밖의 인공으로 조성된 담수나 기수의 수류 또는 수면을 말함.

| (해수면) | (내수면) |

(모터보트)	(세일링요트)
(수상오토바이)	(고무보트)
(스쿠터)	(호버크레프트)

<동력수상레저기구 종류>

❖ 적용 배제

    ¤ 수상레저안전법 적용 배제

       ① 유선 및 도선사업법"에 따른 유·도선사업 및 그 사업과 관련된 수상에서의 행위를 하는 경우

       ② "체육시설의 설치·이용에 관한 법률"에 따른 체육시설업 및 그 사업과 관련된 수상에서의 행위를 하는 경우

       ③ "낚시 관리 및 육성법"에 따른 낚시 어선업 및 그 사업과 관련된 수상에서의 행위를 하는 경우

 	**[유선 및 도선 사업법]** 유선사업 및 도선사업에 관하여 필요한 사항을 정하여 유선 및 도선의 안전운항과 유선사업 및 도선사업의 건전한 발전을 도모함으로써 공공의 안전과 복리의 증진에 이바지하는 것 - 유선사업 : 유선 및 유선장을 갖추고 수상에서 고기잡이, 관광, 그 밖의 유락을 위하여 선박을 대여하거나 유락하는 사람을 승선시키는 것을 영업으로 하는 것으로 해운법을 적용받지 아니하는 것 - 도선사업 : 도선 및 도선장을 갖추고 내수면 또는 바다목에서 사람을 운송하거나 사람과 물건을 운송하는 것을 영업으로 하는 것으로 해운법을 적용받지 아니하는 것

[체육시설의 설치·이용에 관한 법률]

체육시설의 설치·이용을 장려하고, 체육
시설업을 건전하게 발전시켜 국민의 건
강 증진과 여가 선용에 이바지하는 것
- 체육시설 : 체육활동에 지속적으로 이
  용되는 시설과 그 부대시설
- 체육시설업 : 영리를 목적으로 체육시
  설을 설치·경영하는 업

[낚시 관리 및 육성법]

낚시의 관리 및 육성에 관한 사항을 규
정함으로써 건전한 낚시문화를 조성하고
수산자원을 보호하며, 낚시 관련 산업 및
농어촌의 발전과 국민의 삶의 질 향상에
이바지하는 것

6-1-2 조종면허

동력수상레저기구를 조종하는 자는 조종면허시험에 합격한 후 해양경찰
청장의 동력수상레저기구 조종면허를 받아야 한다.

❖ **조종면허의 종류**

- 요트조종면허

- 일반조종면허(제1급 조종면허, 제2급 조
  종면허)

6-1-3 조종면허 대상 기준

동력수상레저기구(모터보트, 세일링요트, 수상오토바이, 고무보트, 스쿠터, 호버크래프트) 중 추진기관의 최대출력이 5마력 이상, 5톤 미만의 수상레저기구를 조종하고자 하는 경우 꼭 필요한 면허로 육상에서의 자동차 면허증과 같이 해양경찰청에서 발급되는 국가자격 면허증

❖ **기구에 따라 조종면허의 발급대상**

① 요트조종면허: 세일링요트를 조종하려는자, 시험대행기관의 시험관

② 일반조종면허

 - 제1급 조종면허: 수상레저사업의 종사자 및 시험대행기관의 시험관
 - 제2급 조종면허: 조종면허를 받아야 하는 동력수상레저기구(세일링요트는 제외)를 조종하려는 사람

❖ **기구 톤수에 따른 필요 면허**

① 5톤 미만, 여객정원 13명 미만

구분	운항자	필요 면허	관련법
1	선장	요트조종면허	수상레저안전법

② 5톤 미만, 여객정원 13명 이상

구분	운항자	필요 면허	관련법
1	선장	요트조종면허	수상레저안전법
2		소형선박조종면허 또는 요트 한정면허	선박직원법
3	기관사	소형선박조종면허 또는 요트 한전면허	선박직원법

③ 5톤이상 25톤 미만, 여객정원 13명 미만

구분	운항자	필요 면허	관련법
1	선장	요트조종면허	수상레저안전법
2		소형선박조종면허 또는 요트 한정면허	선박직원법
3	기관사	소형선박조종면허 또는 요트 한전면허	선박직원법

구분	운항자	필요 면허	관련법
1	선장	요트조종면허	수상레저안전법
2		소형선박조종면허 또는 요트 한정면허	선박직원법

④ 5톤이상 25톤 미만, 여객정원 13명 이상

구분	운항자	필요 면허	관련법
1	선장	요트조종면허	수상레저안전법
2		6급 항해사 이상(포함)	선박직원법
3	기관사	소형선박조종면허 이상(포함)	선박직원법

⑤ 25톤 이상, 여객정원 13명 미만

구분	운항자	필요 면허	관련법
1	선장	요트조종면허	수상레저안전법
2		6급 항해사 이상(포함)	선박직원법
3	기관사	6급 기관사 이상(포함)	선박직원법

⑥ 25톤 이상, 여객정원 13명 이상

구분	운항자	필요 면허	관련법
1	선장	요트조종면허	수상레저안전법
2		5급 항해사 이상(포함)	선박직원법
3	기관사	6급 기관사 이상(포함)	선박직법

6-1-4 조종면허의 결격사유

① 14세 미만인 자

② 정신질환자 중 수상레저활동을 할 수 없다고 인정된 경우

치매, 정신불열병, 분열형 정동장애, 양극성 정동장애, 재발성 우울장애, 알코올 중독의 정신질환이 있는 사람, 해당 분야의 전문의가 정상적으로 수상레저활동을 할 수 없다고 인정하는 사람

③ 마약 · 향정신성의약품 또는 대마 중독자

④ 조종면허가 취소된 날부터 1년이 지나지 아니한 자

⑤ 조종면허를 받지 아니하고 동력수상레저기구를 조종한 자로서 그 위반한 날부터 1년(사람을 사상한 후 구호 등 필요한 조치를 하지 아니하고 달아난 자는 이를 위반한 날부터 4년이 지나지 아니한 자

6-1-5 면허시험

① 조종면허를 받으려는 자는 해양경찰청이 실시하는 시험에 합격하여야 한다.

② 면허시험은 필기시험 · 실기시험으로 구분하여 실시한다.

6-1-6 필기시험

① 면허시험의 필기시험은 선택형으로 실시

② 요트조종면허의 필기시험은 100점 만점으로 하되, 70점 이상을 받은자를 합격자로 한다.

③ 일반조종면허의 필기시험은 100점을 만점으로 하되, 제 1급 조종면허의 경우에는 70점 이상을 받은 사람을 합격자로 하고, 제2급 조종면허의 경우에는 60점 이상을 받은 사람을 합격자로 한다.

④ 필기시험에 합격한 사람은 그 합격일부터 1년 이내에 실시하는 면허시험에서만 그 필기시험이 면제된다.

6-1-7 실기시험

① 면허시험의 실기시험은 필기시험에 합격한 사람 또는 필기시험을 면제받은 사람에 대하여 실시한다.

② 요트조종면허의 실기시험은 100점을 만점으로 하되, 60점 이상을 받은 사람을 합격자로 한다.

③ 일반조종면허의 실기시험은 100점을 만점으로 하되, 제1급 조종면허의 경우에는 80점 이상을 받은 사람을 합격자로 하고, 제2급 조종면허의 경우에는 60점 이상을 받은 사람을 합격자로 한다.

6-1-8 면허시험의 면제(조건부 면허 취득교육)

기존에는 동력수상레저기구조종면허증을 취득하기 위해서는 필기와 실기시험을 통과해야 했으나, 국민편의 증진, 수상레저문화 활성화를 위해 수상레저안전법이 개정됨에 따라 시험 없이 교육 이수를 통해 면허취득이 가능함.

동력수상레저기구 면허를 취득함에 있어 해양경찰청이 지정 · 고시하는 기관이나 단체에서 일정시간 교육을 이수함으로써 면허를 취득할 수 있는 제도를 말함.

일반조종면허 1급을 제외한, 일반조종면허 2급, 요트조종면허는 면제 교육을 통해 시험 응시 없이 교육만으로 면허증을 취득 가능하며, 요트조종면허 40시간, 일반조종면허 36시간의 교육을 통해 면허취득이 가능함.

6-1-9 요트조종면허시험 응시절차

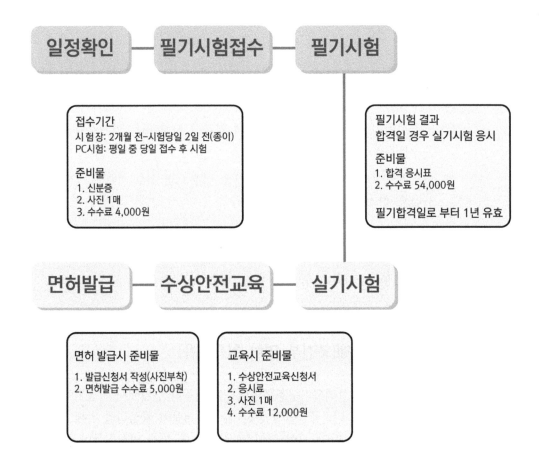

일정확인 — 필기시험접수 — 필기시험

접수기간
시험장: 2개월 전~시험당일 2일 전(종이)
PC시험: 평일 중 당일 접수 후 시험

준비물
1. 신분증
2. 사진 1매
3. 수수료 4,000원

필기시험 결과
합격일 경우 실기시험 응시

준비물
1. 합격 응시표
2. 수수료 54,000원

필기합격일로 부터 1년 유효

면허발급 — 수상안전교육 — 실기시험

면허 발급시 준비물
1. 발급신청서 작성(사진부착)
2. 면허발급 수수료 5,000원

교육시 준비물
1. 수상안전교육신청서
2. 응시료
3. 사진 1매
4. 수수료 12,000원

6-1-10 수상안전교육

조종면허를 받으려는 자(신규면허취득)는 면허시험 응시원서를 접수한 후부터, 조종면허를 갱신하려는 자는 조종면허 갱신기간 이내에 각각 해양경찰청장이 실시하는 다음 각 호의 수상안전교육을 받아야 한다.

다만, 최초 면허시험의 합격 전의 안전교육의 유효기간은 6개월로 한다.

❖ 안전교육 과목

수상레저안전 관계법령

수상레저기구의 사용 관리

수상상식

수상구조

❖ 교육 시간 : 3시간

6-1-11 조종면허의 갱신

조종면허를 받은 자는 다음 각 호에 따른 동력수상레저기구 조종면허증 갱신기간이내에 해양경찰청장으로부터 면허증을 갱신받아야 한다.

다만, 면허증을 갱신 받고자 하는 자가 군복무 등 대통령령으로 정하는 사유로 인하여 그 기간 내에 면허증을 갱신할 수 없는 경우에는 대통령령으로 정하는 바에 따라 이를 미리 받거나 그 연기를 받을 수 있다.

① 최초의 면허증 갱신 기간은 조종면허 발급일부터 기산하여 7년이 되는 날부터 6개월 이내

② 면허증 갱신기간은 직전의 면허증 갱신 기간이 시작되는 날부터 기산하여 7년이 되는 날부터 6개월 이내

면허증을 갱신받지 아니한 경우에는 갱신기간이 만료한 다음 날부터 조종면허의 효력은 정지된다.(다만 면허증의 효력이 정지된 날부터 면허증을 갱신한 경우에는 갱신한 날부터 면허증의 효력이 다시 발생한다.)

6-1-12 면허증 발급

❖ 면허시험에 합격하여 면허증을 발급하거나 재발급하는 경우

❖ 조종면허를 갱신하는 경우

❖ 면허증을 분실하였거나 면허증이 헐어 못쓰게 된 경우 신고하고 다시 발급받을 수 있다.

❖ 조종면허증 재발급 신청의 경우 신청 서 및 서류를 제출

① 면허증(분실한 경우에는 사유서를 제출)

② 사진 1장(가로: 3.5센티미터, 세로: 4.5센티미터)

③ 수상안전교육 수료증(갱신받으려는 경우만 제출)

④ 갱신 및 재발급 신청서 작성

6-1-13 면허증 휴대 및 제시 의무

동력수상레저기구를 조종하는 자는 면허증을 지니고 있어야 한다.

조종자는 조종 중에 관계 공무원이 면허증의 제시를 요구하면 면허증을 내보여야 한다.

6-1-14 조종면허의 취소 · 정지

조종면허를 받은 자가 다음의 어느 하나에 해당하는 경우에는 조종면허를 취소하거나 1년의 범위에서 그 조종면허의 효력을 정지하거나 취소할 수 있다.

❖ 정지

① 조종면허를 받은 자가 동력수상레저기구를 이용하여 살인 또는 강도 등의 범죄행위를 한 경우

② 조종 중 고의 또는 과실로 사람을 사상하거나 다른 사람의 재산에 중대한 손해를 입힌 경우

③ 면허증을 다른 사람에게 빌려주어 조종하게 한 경우

④ 약물의 영향으로 인하여 정상적으로 조종하지 못할 염려가 있는 상태에서 동력수상레저기구를 조종한 경우

⑤ 수상레저활동의 안전과 질서 유지를 위한 명령을 위반한 경우

❖ 취소

① 거짓이나 그 밖의 부정한 방법으로 조종면허를 받은 경우

② 조종면허 효력정지 기간에 조종을 한 경우

③ 술에 취한 상태에서 조종을 하거나 술에 취한 상태라고 인정할 만한 상당한 이유가 있음에도 불구하고 관계 공무원의 측정에 따르지 아니한 경우

조종면허가 취소된 자는 조종면허가 취소된 날부터 7일 이내에 해양경찰청장에게 면허증을 반납하여야 한다.

6-1-15 과태료 및 벌칙

❖ 과태료

(단위: 만원)

위반 행위	과태료 금액
취소된 날로 7일 이내 면허증 반납하지 않은경우	20
인명안전장비를 착용하지 않은 경우(구명조끼 미착용)	10
운항규칙을 지키지 않은 경우	10, 20, 30
원거리 수상레저활동 및 사고 관련 인명피해에 대한 신고를 하지 않은 경우	20
수상레저활동 시간 외에 수상레저활도을 한 경우	60
정원을 초과하여 사람을 태우고 수상레저기구를 조종한 경우	60
수상레저활동 금지구역에서 수상레저활동을 한 경우	60
시정명령을 이행하지 않은 경우	10, 15, 20
일시정지나 면허증·신분증의 제시명령을 거부한 경우	20
동력수상레저기구를 소유한 날부터 1개월 이내에 등록신청을 하지 않은 경우	40
수상레저기구의 말소등록의 최고를 받고 그 기간 이내에 이를 이행하지 않은 경우	20
등록번호판을 부착하지 않은 경우	30
구조·장치 변경승인을 받지 않은 경우	40
수상레저기구의 변경등록을 하지 않은 경우	10일 이내 기간이 지난 자는 1만원 (10일 초과 1일 초과할 때마다 1만원) 최대 30만원
개인이 보험등에 가입을 하지 않은 경우	

(단위: 만원)

위반 행위	과태료 금액
수상레저사업자가 수상레저기구의 안전검사를 받지 않은 경우	40
거짓이나 그 밖의 부정한 방법으로 검사대행자로 지정 받은경우	100
고의 또는 중대한 과실로 사실과 다르게 안전검사를 한 경우	100
휴업, 폐업 또는 재개업의 신고를 하지 않은 경우	휴업 & 폐업: 10, 재개업 미신고: 100
수상레저사업자가 신고한 이용요금 외의 금품을 받거나 신고사항을 게시하지 않은 경우	10
보험등에 가입하지 않은 경우	100
정당한 사유 없이 보험등의 가입 여부에 관한 정보를 알리지 않거나 거짓의 정보를 알린 경우	10
수상레저사업자가 서류나 자료를 제출하지 않거나 거짓의 서류 또는 자료를 제출한 경우	100

❖ 벌칙

① 1년 이하의 징역 또는 1천만원의 벌금

  - 조종면허를 받지 아니하고 동력수상레저기구를 조종한자

  - 술에 취한 상태에서 동력수상레저기구를 조종한 자

  - 술에 취한 상태라고 인정할 만한 상당한 이유기 있는데도 관계공무원의 측정에 따르지 아니한 자

  - 약물복용 등으로 정상적으로 조종하지 못할 우려가 있는 상태에서 동력 수상레저기구를 조종한 자

  - 등록 또는 변경등록을 하지 아니하고 수상레저사업을 한 자

  - 수상레저사업 등록취소 후 또는 영업정지기간에 영업을 한 자

② 6개월 이하의 징역 또는 500만원 이하의 벌금

- 등록을 하지 아니하고 동력수상레저기구를 수상레저활동에 이용한 자

- 검사를 받지 아니하거나 검사에 합격하지 못한 수상레저기구를 수상레저 활동에 사용한 자

- 정비ㆍ원상복구의 명령을 위바난 수상레저사업자

- 안전운항을 위하여 필요한 조치를 하지 아니하거나 금지된 행위를 한 수 상레저사업자와 그 종사자

- 영업구역이나 시간의 제한 또는 영업의 일시정지 명령을 위반한 수상레 저사업

6-2 이론시험

6-2-1 시험방법 및 합격자 결정

❖ 필기시험

- 시험 방법: 선택형 50문항(종이, PC시험)

- 시험 시간: 50분

- 합격자 결정 : 70점 이상

6-2-2 요트조종면허 필기시험 응시절차

① 전국 요트조종면허시험장 안내

⌘ 시험장 안내(종이)

시험장	연락처	주소
경기 (가평)	T) 031-584-5700 F) 031-584-9734	경기도 가평군 호반로 162 (북한강레저타운)
경기 (여주)	T) 031-880-4082 F) 031-881-2615	경기 여주시 강변북로163
강원 (춘천)	T) 033-252-9097 F) 033-242-9098	강원도 춘천시 고산배터길 27-6
강원요트	T) 033-576-0611	강원도 삼척시 근덕면 덕산해변길 104
충남 (아산)	T) 041-541-9423 F) 041-541-9425	충남 아산시 방축동 산56번지 (신정호유원지內)
충북 (충주)	T) 043-851-2869 F) 043-851-4311	충북 충주시 동량면 호반로 696-20
경북제1 (영덕)	T) 054-732-8884 F) 054-733-1021	경북 영덕군 강구면 강영로 33 (오십천마리나)
경북제2 (안동)	T) 054-821-2020 F) 054-823-1215	경북 안동시 석주로 497 2층
경북요트	T) 054-732-8884	경북 영덕군 강구대게길 22
전북 (김제)	T) 063-548-7774 F) 063-548-7776	전북 김제시 만경읍 만경로 750 (능제저수지)
경남 (마산)	T) 055-271-9977 F) 055-271-0041	경남 창원시 마산합포구 진동면 광암회단지 길 42
서부경남	T) 055-933-1973	경남 합천군 봉산면 서부로 4270-8
거제요트	T) 055-632-2955	경남 거제시 동부면 함박금길 85
통영요트	T) 055-641-5051	경남 통영시 도남로 269-28
울산	T) 052-258-6115 F) 052-261-6115	울산시 남구 여천동 50-1번지
전남동부 (여수)	T) 061-683-6458 F) 061-683-6459	전남 여수시 화양면 화양로 1436-29
제주	T) 064-743-6232 F) 064-743-6231	제주시 이호일동 도리로 15-20
제주요트	T) 064-743-7536 F) 064-743-7538	제주특별자치도 도두항서길 34

⌘ 시험장 안내(PC)

시험장	연락처	주소
서울PC시험장	T) 02-761-7122	서울특별시 영등포구 여의서로 120번지 서울마리나 인근 인천해양경찰서 한강파출소
평택PC시험장	T) 031-8046-2349	경기도 평택시 포승읍 서동대로437-27 평택해양경찰서 2층
동해PC시험장	T) 033-741-2451	강원도 동해시 임항로 29 동해해양경찰서 교통레저계
태안PC시험장	T) 041-950-2251	충남 태안군 태안읍 동백로 92-13 태안해양경찰서 수상레저계
포항PC시험장	T) 054-750-2351	포항시 북구 소티재로 151번길 21 포항해양경찰서 3층
군산PC시험장	T) 063-539-2249	전북 군산시 군산창길 21 군산해양경찰서 2층
목포PC시험장	T) 061-241-2351	전남 목포시 청호로 231(산정동 1110-7) 목포해양경찰서 수상레저계
여수PC시험장	T) 061-840-2549	전남 여수시 문수로 111 여수해양경찰서 1층
통영PC시험장	T) 055-647-2551	경남 통영시 광도면 죽림2로 45 통영해양경찰서 민원동 1층
울산PC시험장	T) 052-230-2249	울산시 남구 신선로 20 울산해양경찰서 4층
부산PC시험장	T) 051-664-2452	부산시 영도구 해양로 53 부산해양경찰서 청학출장소
제주PC시험장	T) 064-766-2251	제주특별자치도 제주시 임항로 154번지 제주해양경찰서 1층

⌘ 상설(PC)시험
- 시 간: 평일 09:00 ~ 17:00(점심시간 접수 및 응시 불가 : 12:00 ~ 13:00)
- 방 법: 평일 현장 방문접수
- 준비물: 신분증, 반명함(3X4 cm)사진 1매, 수수료: 4,000원(현금)
- 서울, 부산, 목포 : 매월 첫 번째 토요일 09:00~12:00 추가 시행(12:00 접수마감)
- 제주 : 매월 첫 번째 토요일 09:00~11:00 추가 시행(11:00접수마감)
  ※ 당일(현장)접수 및 응시, 1일 2회 시험응시 가능

6-2-3 필기시험 과목

⌘ 요트조종면허

시험과목	과목 내용	비고
가. 요트활동 개요	1) 해양학 기초(조석·해류·파랑) 2) 해양기상학 기초 　　(해양기상의 특성, 기상통보, 일기도 읽기)	10%
나. 요트	1) 선체와 의장 2) 범장 3) 기관 4) 전기시설 및 설비 5) 항해장비 6) 안전장비 및 인명구조 7) 생존술	20%
라. 항해 및 범주	1) 항해계획과 항해(항해정보, 각종 항법) 2) 범주 3) 피항 4) 식량과 조리·위생	20%
마. 법규	1) 「수상레저안전법」 2) 「선박입출항법」 3) 「해사안전법」 4) 「해양환경관리법」 5) 「전파법」	50%

⌘ 목포 필기면허 PC시험장

6-3 실기시험

6-3-1 시험방법 및 합격자 결정

⌘ 실기시험
- 시험 방법: 코스시험(조종능력 평가)
- 합격자 결정 : 60점 이상

6-3-2 요트조종면허 실기시험 응시절차

① 전국 요트조종면허시험장 안내

⌘ 시험장 안내

시험장	연락처	주소
전남요트 조종면허시험장	T) 061-247-0331 T) 061-240-7147 F) 061-247-0333	전남 목포시 해양대학로 91 목포해양대학교 대학본부 지하 1층
서울요트 조종면허시험장	T) 02-304-5900 F) 02-304-5953	서울특별시 마포구 마포나루길 256
강원요트 조종면허시험장	T) 033-576-0611	강원도 삼척시 근덕면 덕산해변길 104
경북요트 조종면허시험장	T) 054-732-8884	경북 영덕군 강구대게길 22
경남거제요트 조종면허시험장	T) 055-632-2955	경남 거제시 동부면 함박금길 85 (가배랑 리조트 수련원)
통영요트 조종면허시험장	T) 055-641-5051	경남 통영시 도남로 269-28
부산요트 조종면허시험장	T) 051-410-5005 F) 051-405-2080	부산광역시 영도구 태종로 727 한국해양대학교 평생교육원
제주요트 조종면허시험장	T) 064-743-7536 T) 064-743-7537 F) 064-743-7538	제주특별자치도 도두항서길 34

② 실기시험 당일 2일 전 접수(이후 접수 불가)

- 응시자격 : 요트조종면허 필기합격자, 해기사 면허 소지자(소형선박 포함)

- 접수방법 : 인터넷접수(수상레저종합정보, https://imsm.kcg.go.kr)요트
 조종면허 시험장 방문접수

- 응 시 료 : 54,000원

- 결제방법 : 카드, 계좌이체, 현금(방문접수)

6-3-3 실기 개념

① 요트실기평가는 응시자 4명을 기본으로 1개조로 실시하며, 조의 구성은 시험 당일 해양경찰 행정 홈페이지에서 무작위로 추첨하여 편성이 되고 추첨 번호 순으로 응시자 조 편성과 구명조끼 착용의 번호로 시작된다.

② 시험선에 승선하기 전 응시자의 응시번호에 따라 각자 임무가 부여되며, 구명조끼 착용 평가, 묶기 평가 후 시험용 요트에서 시험관이 승선하십시오, 라고 하면 응시자는 각자의 위치에서 승선하여 시험관의 지시에 따라 운항관련 시험이 진행이 된다.

6-3-4 임무별 유의사항

❖ 스키퍼(Skipper)

- 틸러(Tiller)를 잡은 동안의 과속, 다른 물체에 접촉 또는 충돌 등의 사고는 스키퍼(Skipper)의 책임이므로 주의를 해야 한다.

- 시험관의 다음 지시까지 응시자로 구성된 시험선의 지휘권을 응시자인 Skipper가 행한다.

❖ 크루(Crew) : 윈치맨(Winch man)과 바우맨(Bow man)

- 이안과 접안시 선수계류줄, 선미계류줄 및 펜더 담당이 된다. 이때 선수는 바우맨이, 선미는 접안 면에 해당하는 윈치맨이 담당한다.

- 전방의 견시는 바우맨(Bow man)의 임무이며 전방에 다른 선박이나 부유물 등을 발견하면 즉시 큰소리로 선수를 기준으로 "○○시 방향에 ○○"과 같은 방식으로 전달한다. 이때 바우맨(Bow man)은 스키퍼(Skipper)의 시야를 방해하지 말아야 한다.

6-3-5 실기시험 운항코스

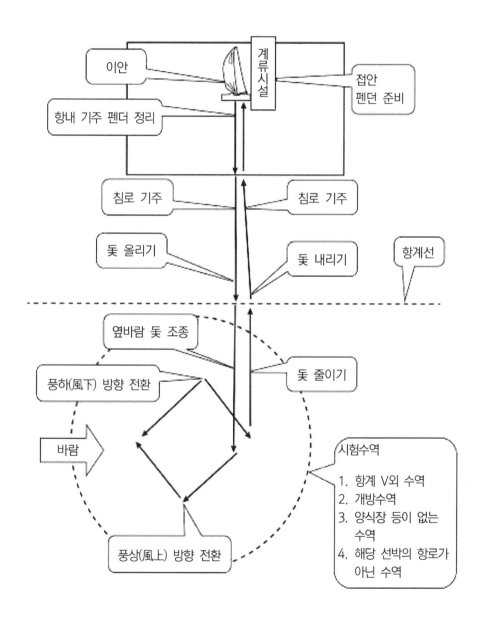

6-3-6 실기시험 진행 절차 및 방법

채점은 과제별 항목의 세부내용을 1회 내지 3회에 걸쳐서 채점하게 되고 어떤 항목은 감점 후 거듭하여 감점을 실시하기 때문에 시험관의 지시를 주의 깊게 듣고   실기평가에 임한다.

실기시험은 응시자 인원과 운영에 따라 약 1시간 ~ 1시간 30분 정도 집행이 된다.

① 응시자 집결(대기실)

　- 응시현황 파악(인원 및 응시번호 확인)

　- 시험 전 안전교육

　- 서약서 및 채점표 작성

(시험 전 안전교육)	(서약서 및 채점표 작성)

② 실기시험(시험장)

　- 시험장소 이동(기본 4명, 최소 3명 ~ 최대 5명)

　- 응시자 신원확인(채점표, 신분증)

((시험장소 이동 및 응시자 신원확인)

- 구명동의 착용 상태 평가

  • 요령) 구명조끼 착용시 다리끈과 함께 모든 끈을 꽉 조여 착용

(구명동의 착용 평가)

- 묶기 평가
  • 클리트 묶기
  • 클로브 묶기
  • 8자 묶기
  • 바우라인 묶기

(묶기 평가)

- 펜더 묶기

• 시험관은 응시자 1명씩 호명하여 시험선으로 이동 후 시험선에 펜더를 적절한 높이와 매듭으로 평가를 실시한다.

• 대기 응시자들은 시험선의 반대편으로 향하여 서있으며 시험관이 다음 응시자를 호명할 때 까지 대기한다.

• 시험관이 "앞에 놓인 펜더를 시험선에 적당한 높이로 클로브 묶기로 매달아 주십시오"라고 하면 응시생은 시험선의 적당한 높이로 달고 한발 물러서면 된다.

• 중요) 라이프라인에 적절한 높이(계류장 중앙)와 클로브 매듭

(펜더 묶기)

❖   묶기 요령

8자 묶기

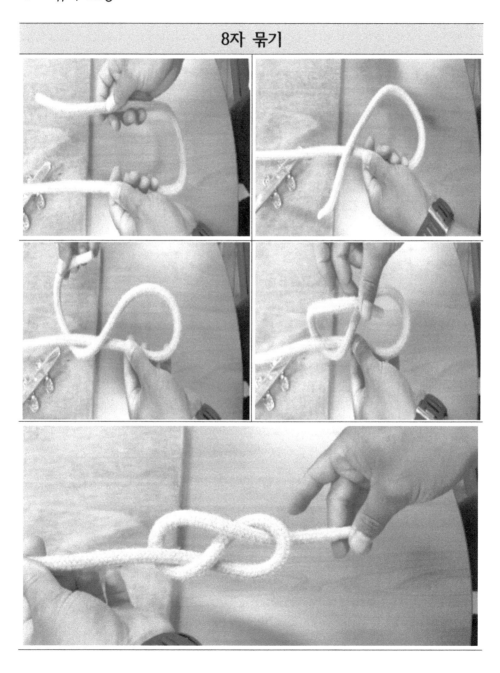

클리트 묶기

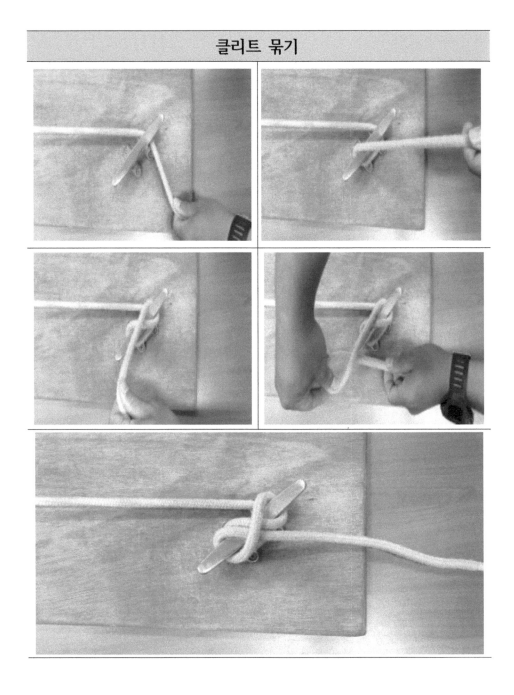

클로브 묶기

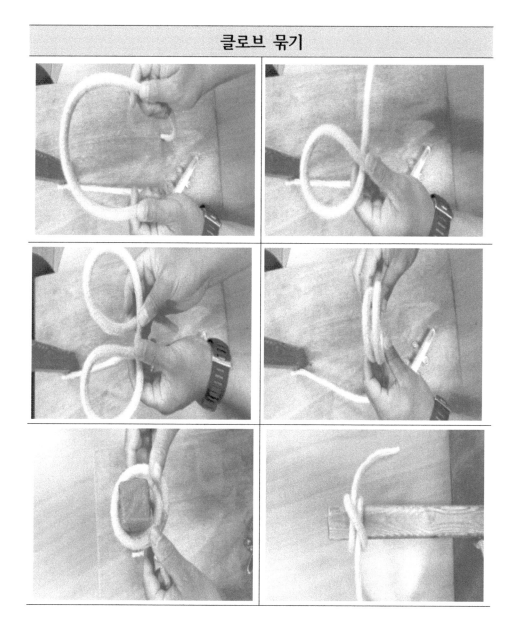

1. 바우라인 묶기

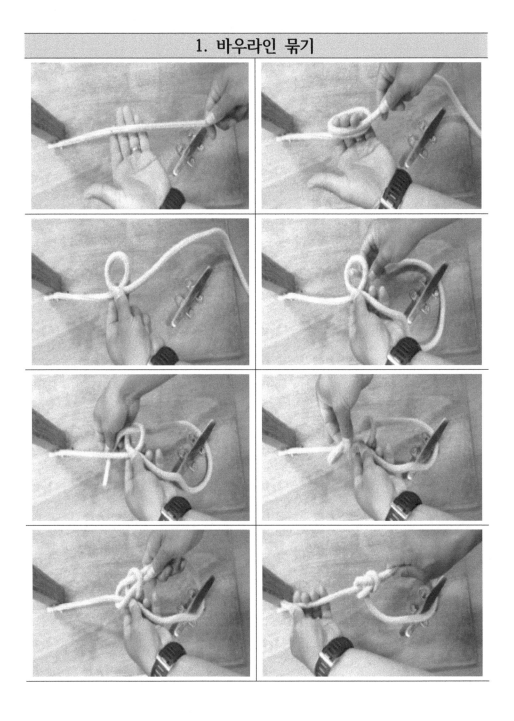

- 이안 / 접안(입 · 출항) 평가

    ☞ 이안/접안 평가는 계류장에서 요트를 이안(출항)하여 항내를 선회한 후 접안(입항)하는 평가로, 응시자 4명이 순서대로 임무를 교대하면서 진행이 된다.

    ▪ 시험관은 응시자를 시험선으로 인솔
    ▪ 승선 전 시험선의 각종 장비의 위치 조작 시 주의사항 교육
    ▪ 승/하선 및 이동 간 안전사항 안내
    ▪ 응시자 임무 부여
        ① 스키퍼(SKIPPER)
        ② 스타보드 윈치맨(ST'BD WINCH MAN)
        ③ 포트 윈치맨(PORT WINCH MAN)
        ④ 바우맨(BOW MAN); 선수(요트승선 평가 전 안내)임무교대 순서

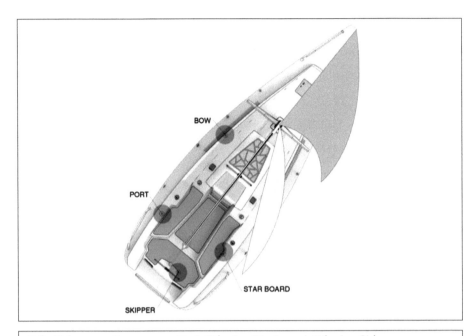

1번: Skipper→ Bowman→ Port Winch→Starboard Winch→Skipper
2번: Starboard Winch→ Skipper→Bow-man→ Port Winch
3번: Port Winch→Starboard Winch→Skipper→ Bowman
4번: Bowman→Port Winch→Starboard Winch→Skipper

- 이안 / 접안(입·출항) 평가

  ▪ 시험관이 각자 위치로 이동하라는 명령에 응시자는 임무 부여의 위치로 자리를 이동한다.

  ▪ 시험관이 스키퍼(Skipper)에게 "이안하십시오"라고 하면 스키퍼(Skipper)는 크루(Crew)에게 "이안준비"라고 전원이 들릴 수 있도록 큰소리로 지시한다.

  ▪ 스키퍼(Skipper)는 레버를 만지고, 눈으로 보면서 "레버중립", 선실을 손으로 가르키며 "엔진시동 온(ON)", 사방의 방향을 눈과 손으로 가르키며 "전/후/좌/우 이상무"라고 하며 크루(Crew)들의 이안준비가 완료되면 "이안"명령을 하고 크루(Crew)가 계류줄을 풀고 배를 밀고 승선하면 전진 또는 후진하여 계류장을 벗어나고 크쿠(Crew)가 계류

줄을 정리하고 펜더(Fender)를 올리고 각자 자리에 위치하면 스키퍼(Skipper)는 "이안 완료"라고 보고한다.

- 시험관의 지시에 따라 적절한 위치에서 선회한 후 접안을 준비한다.
- 스키퍼(Skipper)가 "접안준비"지시를 하면 계류담당 크루(Crew) 2명은 펜더(Fender)를 내리고 계류줄을 준비하여 사이드 스테이로 이동하여 내릴 준비를 한다.
- 스키퍼(Skipper)가 시험선을 접안 위치에 진입하면 크루(Crew)들은 안전하게 계류장에 내려서 각자의 비트(Bit)에 계류줄을 클리트 묶기로 묶고 줄을 정리 후 위치에서 서서 스키퍼의 명령을 기다린다.
- 스키퍼(Skipper)는 크루(Crew)들의 임무가 완료되면 확인 후 레버를 만지고, 눈으로 보면서 "레버중립", 선실을 손으로 가르키며 "엔진시동 오프(OFF)""접안완료"라고 하면 이안·접안 평가는 종료 된다.
- 응시자 4명이 각자의 위치에서 임무를 수행하며 계류장을 이안하여 항내를 선회한 후 접안(모든 응시자가 스키퍼의 위치에서 평가를 해야 하기에 임무교대를 함)

이안준비

이안

접안준비

접안 완료

- 기주 평가

☞ 기주평가는 나침반을 보고 시험관이 지정하는 임의의 방위각을 제한시간 안에 변침하는 평가와 변침 완료 후 침로유지 지시에 변침한 각도를 제한시간 동안 유지를 하는 평가

☞ 변침범위 초각(45°), 중각(90°), 대각(180°) 내외로 각 1회 실시

▪ 이안/접안 평가를 종료하고 안전요원의 조종으로 기주평가 지역에 이동되면 변침과 침로유지 평가를 진행 한다.

▪ 시험관이 "나침의 방위 ○○○°로 변침하십시오" 지시에 스키퍼 (Skipper)는 변침하고 "변침완료"라고 보고를 한다. 이어서 시험관이 "현침로 ○○○°유지" 라고 지시하면 스키퍼 (Skipper)는 침로유지를 한다.

▪ 변침과 침로유지는 ±5°를 벗어나지 않아야 하면 변침의 제한시간은 15초 이내 이며, 침로유지는 15초 이상 유지를 해야 한다.

(변침범위 초각 45°, 중각 90°, 대각 180° 내외로 각 1회 / 총 3회의 평
가를 진행)

| (나침반) | (기주 평가) |

- 범주 평가

☞ 범주 평가는 세일(Sail)을 펴고 바람으로 항해하는 평가로서 풍상(앞바
람)에서의 방향 전환을 하는 "태킹(Tacking)"과 풍하(뒷바람)에서의 방
향전환을 하는 "자이빙(Gybing)"평가를 각각 진행한다.

■ 시험관의 안내로 안전요원이 세일(Sail)을 올리고 응시자는 시험관의 지
  시에 따라 준비를 한다.

■ 태킹(Tacking)

① 스키퍼는 "태킹준비"를 크루들에게 명령을 내린다.

② 크루 중 풍상쪽 윈치맨은 집시트를 윈치에 2회 정도 감는다.(윈치는
   반드시 시계방향으로 감는다.)

③ 크루 중 풍하쪽 윈치맨은 집시트를 클리트에서 풀어 손으로 잡는다.

④ 스키퍼는 "태킹"명령과 함께 틸러를 풍하측으로 밀어 요트를 풍상으
   로 돌린다.

⑤ 크루는 요트 선수가 풍상쪽으로 전환하면서 집세일이 펄럭일 때(시브 상태) 풍하측 윈치맨은 집시트를 윈치에서 푼다.

⑥ 풍상측 윈치맨은 집시트를 신속하게 최대한 잡아 당겨 클리트 고정한다.

⑦ 크루의 바우맨은 집세일이 펼쳐지면 풍상으로 이동한다.

⑧ 스키퍼는 틸러를 중앙으로 위치시키면서 45°방향의 크로스 홀드를 유지하며 풍상의 위치로 이동하여 "태킹완료"라고 보고한다.

⑨ 시험관이 "침로유지"라고 지시하면 스키퍼는 "침로유지"라고 복창 후 15초 동안 유지를 한다.

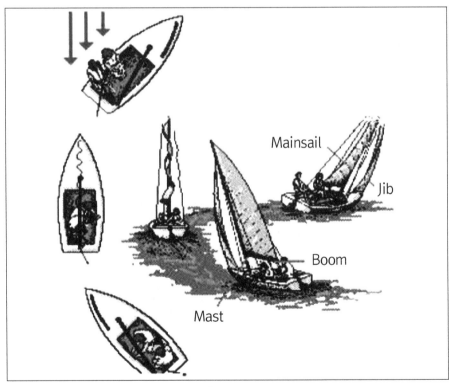

태킹(Tacking)

태킹 평가

- 자이빙(Gybing)

  ① 스키퍼는 런닝상태를 유지하며 "자이빙준비"라는 명령을 크루들에게 내린다.

  ② 크루 중 풍상쪽 윈치맨은 집시트를 윈치에 2회 정도 감는다.(윈치는 반드시 시계방향으로 감는다.)

  ③ 크루 중 풍하쪽 윈치맨은 집시트를 클리트에서 풀어 손으로 잡는다.

  ④ 스키퍼는 "자이빙"명령과 함께 틸러를 풍상쪽으로 당겨 요트를 풍하로 돌린다.

  ⑤ 크루는 요트의 뱃머리(선수)가 풍하쪽으로 전환하면서 데드런(Dead run)이 되면 풍상쪽의 윈치맨은 집시트를 즉시 푼다.(데드런 상태가 되면 집세일이 메인세일에 가려서 바람을 받지 못해 약한 시브상태가 된다)

  ⑥ 풍하측 윈치맨은 집시트를 신속하게 잡아 당겨 클리트 고정한다.(태킹처럼 최대한 당기지 않고 바람을 안고 갈 수 있도록 세일의 트림을 조절 한다)

  ⑦ 크루의 바우맨은 집세일이 펼쳐지면 풍상으로 이동한다.

  ⑧ 스키퍼는 틸러를 중앙으로 위치시키면서 런닝을 유지하며 풍상의 위치로 이동하여 "자이빙완료"라고 보고한다.

⑨ 시험관이 "침로유지"라고 지시하면 스키퍼는 "침로유지"라고 복창 후 15초 동안 유지를 한다.

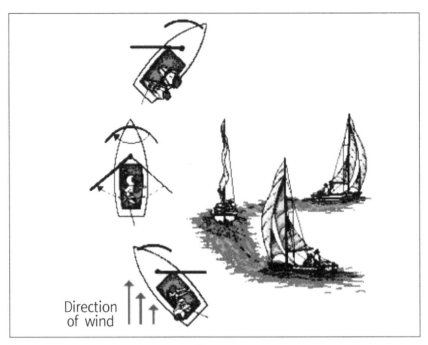

자이빙(Gybing)

(자이빙 평가)

6-3-7 요트조종면허 채점 기준

⌘ 채점기준

과제	항목	세부 내용	감점	채점 요령
1. 출발 전 점검 및 확인	가. 로프 취급 미숙	1) 8자 묶기를 하지 못한 경우 (8자 묶기) 2) 바우라인(bowline) 묶기를 하지 못한 경우 (bowline 묶기) 3) 클로브(clove) 묶기를 하지 못한 경우 (clove 묶기) 4) 클리트(cleat) 묶기를 하지 못한 경우 (cleat 묶기)	3	각 세부 내용에 대하여 2회까지 채점할 수 있다.
	나. 구명 조끼 착용 불량	구명조끼를 착용하지 않았거나 올바르게 착용하 지 아니한 경우 (구명조끼 착용 불량)	4	세부 내용에 대하여 1회만 채점한다.
	다. 출발 준비 불량	1) 분담된 임무에 해당하는 위치를 선정하지 못한 경우 (위치 선정 불량) 2) 출발 전 전후좌우 물표(物標) 및 장애물을 확인하지 않은 경우 (Ⓢ출항 전 안전 확인)	4	각 세부 내용에 대하여 1회만 채점한다.

과제	항목	세부 내용	감점	채점 요령
2. 출발 및 기주	가. 크루 (crew) 지휘 불량	스키퍼(skipper)가 크루(crew)에게 지시를 하지 않거나 부정확하게 또는 시험관이 들을 수 없을 정도의 작은 목소리로 지시한 경우 (Ⓢ지휘 불량)	4	세부 내용에 대하여 1회만 채점한다.
	나. 이안 불량	1) 요트의 선체가 직접 계류장과 부딪친 경우 (Ⓢ계류장 충격) 2) 이안 후 펜더(fender)를 달고 운항한 경우 (ⓒ펜더 달고 운항) 3) 이안 후 계류줄을 정리하지 않고 운항한 경우 (ⓒ계류 줄 미정리) 4) 출항준비 지시 후 계류줄을 걷지 않는 등 준비상태가 불량한 경우(ⓒ출항준비 불량) 5) 2회 이상 이안 시도 후에도 계류장을 벗어나지 못한 경우(Ⓢ 2회 이상 이안 곤란)	3	각 세부 내용에 대하여 2회까지 채점할 수 있다.
	다. 이안 시 급발진 및 엔진 정지	1) 엔진 시동을 걸지 못한 경우 (Ⓢ엔진시동 미숙) 2) 엔진 시동 중 레버 조작을 잘못하여 엔진이 정지한 경우(Ⓢ레버 조작 불량) 3) 레버를 급히 조작함으로써 급하게 출발한 경우(Ⓢ레버 급조작, 급출발)	4	각 세부 내용에 대하여 1회만 채점한다.
	라. 항내 기주 시 속력 미준수	항내 기주 시 규정 속도를 초과한 경우(Ⓢ항내 기주 5놋트 초과)	4	가) 세부 내용에 대하여 2회까지 채점할 수 있다.

				나) 시험관은 해당 시험장의 제한속도 를 응시자에게 제 시 해야 한다. 다) 바람이나 충돌위험 회피 등의 사유로 시험관의 지시에 따라 속력을 초과한 경우는 제외한다.
2. 출발 및 기주	마. 침로 기주 불량	1) 지시된 침로를 15초 이내에 ±5° 　이내로 유지하지 못한 경우 　(Ⓢ지정 침로 ±5° 초과) 2) 변침 후 침로를 ±5° 이내에서 유지 　하지 못한 경우 　(Ⓢ침로 유지 불량)	4	가) 각 세부 내용에 대하여 3회까지 채점할 수 있다. 나) 변침은 좌현·우현을 달리하여 3회 실시하고, 변침 범위는 45°, 90° 및 180° 내외로 각 1회 실시해야 하며, 나침반으로 변침 방위를 평가한다. 다) 변침 후 15초 이상 침로를 유지하는지 확인 해야 한다.

	항목	세부 내용	감점	채점 요령
3. 범주	가. 크루태킹 (tacking : 맞바람 방향 전환) 역할 불량	1) 스키퍼의 태킹준비 지시에 따른 필요한 동작을 하지 않은 경우 (ⓒ준비동작 불량) 2) 스키퍼의 태킹 지시에 따라 필요한 동작을 하지 않거나 민첩하게 동작하지 않은 경우 (ⓒ태킹동작 불량) 3) 태킹 후 위치 선정이 불량한 경우 (ⓒ위치 선정 불량) 4) 태킹 후 돛의 조절 또는 시트 상태가 불량한 경우 (ⓒ돛 또는 시트 상태 불량)	3	가) 이 과제 평가 시 바람이 없어 범주가 불가능한 경우에는 기주에 의하여 범주를 평가할 수 있다. 나) 각 세부 내용에 대하여 3회까지 채점할 수 있다.
	나. 스키퍼 (skipper) 태킹 불량	1) 태킹이 이루어지지 않거나 태킹이 지나쳐 클로스 리치(close reach) 이상 회전한 경우 (Ⓢ태킹 불량) 2) 필요한 지시를 생략하거나 부정확하게 또는 작은 목소리로 지시한 경우 (Ⓢ태킹 지휘 불량) 3) 태킹 후 침로 및 지정 침로를 유지하지 못한 경우 (Ⓢ태킹 후 침로 유지 불량) 4) 태킹 후 위치 이동이 불량한 경우 (Ⓢ위치 이동 불량)	4	각 세부 내용에 대하여 2회까지 채점할 수 있다.

3. 범주	다. 크루 자이빙 (gybing: 뒷바람 방향 전환) 역할 불량	1) 스키퍼의 자이빙준비 지시에 따른 필요한 동작을 하지 않은 경우 (ⓒ준비 동작 불량) 2) 스키퍼의 자이빙 지시에 따라 필요한 동작을 하지 않거나 민첩하게 동작하지 않은 경우 (ⓒ자이빙 동작 불량) 3) 자이빙 후 위치 선정이 불량한 경우 (ⓒ위치 선정 불량) 4) 자이빙 후 돛의 조절 또는 시트 상태가 불량한 경우 (ⓒ돛 또는 시트 상태 불량)	3	각 세부 내용에 대하여 3회까지 채점할 수 있다.
	라. 스키퍼 자이빙 불량	1) 자이빙이 이루어지지 않거나 자이빙이 지나쳐 브로드 리치(broad reach) 이상 회전한 경우 (ⓢ방향 전환 불량) 2) 필요한 지시를 생략하거나, 부정확하게 또는 작은 목소리로 지시한 경우 (ⓢ자이빙 지휘 불량) 3) 자이빙 후 침로 및 지정 침로를 유지 하지 못한 경우 (ⓢ자이빙 후 침로 유지 불량) 4) 방향 전환 후 위치 이동이 불량한 경우 (ⓢ위치 이동 불량)	4	각 세부 내용에 대하여 2회까지 채점할 수 있다.

	항목	세부 내용	감점	채점 요령
4. 입항	가. 접안 불량	1) 지정 계류석으로부터 50미터의 거리에서 3놋트 이하로 속도를 낮추지 않거나 접안 위치에서 변속기어를 중립으로 하지 않은 경우 (Ⓢ50미터 전방 3놋트 초과, 변속기어 미중립) 2) 계류장과 선체가 직접 부딪친 경우 (Ⓢ계류장 충돌) 3) 시험선과 계류장이 2미터 이내의 거리로 평행이 되게 접안하지 못한 경우 (Ⓢ접안 불량)`	4	각 세부 내용에 대하여 1회만 채점한다.
	나. 계류 불량	1) 계류해야 할 위치에 계류하지 못한 경우 (Ⓢ계류 위치 부적절) 2) 계류줄을 묶는 방법이 틀리거나 풀리기 쉽게 묶은 경우 (ⓒ결색 불량)	3	각 세부 내용에 대하여 1회만 채점한다.
	다. 펜더 (fender) 취급 미숙	1) 펜더를 요트 접안 현의 적당한 높이에 달지 못한 경우 (ⓒ펜더 높이 부적절) 2) 펜더에 달린 로프의 묶은 부분이 느슨하거나 풀린 경우 (ⓒ펜더 묶인 상태 부적절)	3	각 세부 내용에 대하여 1회만 채점한다.
	라. 뒷정리 불량	로프를 제대로 정리하지 않은 경우 (ⓒ계류 후 로프 정리 불량)	3	세부 내용에 대하여 2회까지 채점할 수 있다.

5. 다음 각 목의 어느 하나에 해당하는 경우에는 시험을 중단하고 "실격"으로 한다.

가) 출발 지시 후 3분 이내에 계류장을 벗어나지 못하거나 응시자가 시험포기의 의사를 밝힌 경우**(3분 이내 출발 불가 및 응시자 시험포기)**

나) 주어진 위치 및 역할을 이해하지 못하거나 각종 장치의 조작 미숙 등 조종능력이 현저하게 부족하다고 인정되는 경우**(현저한 조종능력 부족)**

다) 계류장 등과 심하게 충돌하는 등 사고를 일으키거나 조종능력의 부족으로 사고를 일으킬 위험이 현저한 경우**(현저한 사고위험)**

라) 사고 예방과 시험 진행을 위한 시험관의 지시 및 통제에 따르지 않은 경우**(시험관의 지시·통제 불응)**

마) 이미 감점한 점수의 합계가 합격기준에 미달함이 명백한 경우**(중간점수 합격기준 미달)**

※ 비고

1. 이 기준에서 사용하는 용어의 뜻은 다음과 같다.

가) "이안(離岸)"이란 계류줄을 걷고 계류장에서 이탈하여 출발할 수 있도록 준비하는 행위를 말한다.

나) "기주(機走)"란 엔진만을 이용해 운항하는 것을 말한다.

다) "범주"(帆走)"란 돛(Sail)만을 이용해 운항히는 것을 말한다.

라) "스키퍼(skipper)"란 선장, 정장(艇長) 등 요트를 책임지는 사람을 말한다.

마) "크루(crew)"란 스키퍼 외에 요트의 운항을 돕는 승조원(乘助員)을 말한다.

바) "클로스 리치(close reach)"란 바람방향에서 70° ~ 75° 정도로 바람을 거슬러 범주하는 것을 말한다.

사) "브로드 리치(broad reach)란 바람방향에서 뒤쪽(110° ~ 120°)으로 바람을 받아 범주하는 것을 말한다.

2. 세부 내용란 중 ( ) 안의 내용은 시험관이 채점과정에서 착오를 일으키지 않도록 채점표에 구체적으로 표시하는 사항을 말한다.

3. 세부 내용란 중 ( ) 안에 표시한 ⓒ는 크루(crew)를, ⓢ는 스키퍼(skipper)를 의미하며, ( ) 안에 표시된 ⓒ, ⓢ에 대하여 그 세부 내용을 적용하고, 표시가 없는 경우에는 응시자 모두에게 적용한다.

4. 시험 진행 중 감점사항을 즉시 고지하면 응시자를 불안하게 할 수 있으므로 감점사유가 발생한 때에는 채점표에 정확히 표시해 두었다가 시험이 끝난 후 응시자가 채점내용의 확인을 요구하는 경우 책임운영자 등이 그 내용을 설명해 주어야 한다.

세일링 요트의 용어정리

[A]

- ◆ **어백**(Aback) : 역풍, 백윈드(Backwind)가 들어오는 잘못된 세일의 트림

- ◆ **어베프트**(Abaft) : 선미방향, 고물쪽 (=Behind)

- ◆ **어벤든 쉽**(Abendon ship) : 퇴선, 배를 버리고 탈출함

- ◆ **어빔**(Abeam)) : 요트가 측면에서 바람을 받으며 앞으로 나아가는 상태. 정횡 보트에 대한 직각으로 항해

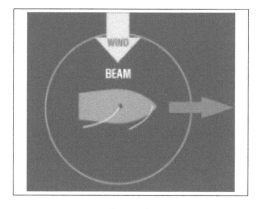

(Abem)

- ◆ **엑셀레이션 모드**(Acceleration mode) : 가속모드, 최고의 스피드로 수면아래의 포일(Foil)이 최대의 효율로 작용하게 함으로써 실제 요트가 목표방향으로 진행할 수 있도록 하는 포인트 모드(Point mode)와는 대조되는 개념

◆ **에로베인**(Aerovane) : 풍력과 풍향을 나타내는 계기

(Aerovane)

◆ **에프터 가드**(After guard) : 요트 뒤쪽 갑판원, 크루

◆ **에프터 가이**(After guy) : ①스핀(Spin)의 태크(Tack)쪽에서 스핀 폴 (Spin pole)의 전후 위치를 조절하는 줄(스핀 폴이 설치되어 있는 측의 시트) ②스피네커(Spinnaker)의 풍상 쪽 클루(Clew)에 연결되는 시트

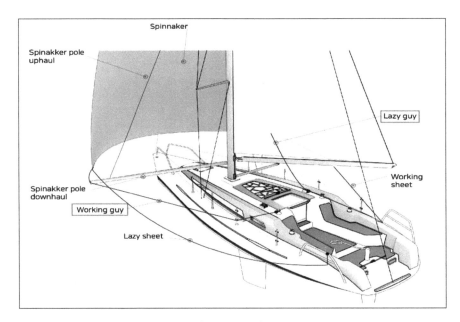

(After guy)

- **에이지 데이트**(Age date) : 선체의 건조 년, 월, 일자
- **어헤드**(Ahead) : 요트의 선수부분, 요트의 전진
- **에어 포일**(Air foil) : 공기의 흐름, 양력(lift)을 증대시킬 수 있는 표면 형태
- **에어혼**(Air Horn) : 기적, 압축공기로 작동하는 경적

(Air Horn)

- **에어 리시스턴스**(Air Resistance) : 공기저항
- **AL**(Accommodation Length) : IMS(International Measurement System, 국제계측표준시스템) 규정에서는 배의 크기를 전장이나 수선장으로서가 아니라, 편익시설로 활용되는 길이(AL, 단위m)
- **어리**(Alee) : 바람 불어가는 쪽
- **앵커**(Anchor) : 닻, 해상에서 선박을 정박할 때 사용
- **앵커 체인**(Anchor chain) : 닻의 고리로 연결된 사슬부분
- **앵커 라이트**(Anchor light) : 정박등
- **앵커 포켓**(Anchor pocket) : 앵커 보관함
- **앵커리지**(Anchorage) : 정박지, 투묘지

- **앵커링**(Anchoring) : 정박, 선박이 해상에서 닻을 내리고 운항을 정지, 묘박(Mooring)

- **에너모메터**(Anemometer) : (=Anemovane), 풍력계, 풍속계

- **에너모스코프**(Anemoscope) : 풍향계, 바람이 불어오는 방향을 측정

- **앵글 어테크**(Angle of attack) : 바람에 대응하는 각도, 즉 트레블러에 의해 조절되는 요트의 중심선에 대한 세일의 위치

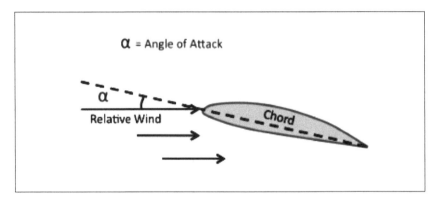

(Angle of attack)

- **어페어런트 윈드**(Apparent wind) : 뵌바람, 진풍과 선속, 그리고 해류에 의해 생긴 합성된 바람, 움직이는 요트에서 느끼는 바람.

- **어페어런트 윈드 앵글**(Apparent wind angle) : 달리는 요트의 속도에 의해 발생되는 중심선과 각도

- **어펜디지**(Appendage) : 킬, 러더, 센터보드 또는 스케그(Skeg) 등 선체 밑에 매달린 부가물

- **어스턴**(Astern) : 요트의 선미, 후진, 어헤드(Ahad)의 반대

- **어웨이트**(Aweight) : 앵커가 해저에서 떠남, 이때부터 범주중이 됨

[B]

- **백**(Back) : 바람의 반시계 방향돌기, 바뀜
- **백스테이**(Backstay) : 마스트를 배의 후미에서 지지하는 스탠딩 리깅 (Standing rigging)으로 마스트를 밴딩시켜 메인 세일의 깊이를 조절하 거나. 헤드 스테이의 새깅을 억제하여 전체의 깊이를 조절하는 리깅
- **백스테이 어드져스터**(Backstay Adjuster) : 백스테이 조절기, 몇 개의 불록(Block)으로 태클(Tackle)을 짜서 백스테이(Backstay)를 쉽게 당길 수 있게 한 장치

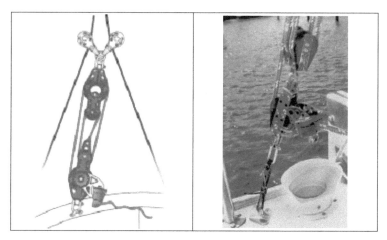

(Backstay Adjuster)

- **백윈드**(Backwind) : 세일 뒤쪽에서 바람이 불어와 러프(Luff)가 구김이 있는 상태
- **베일**(Bail) : 블록을 붙이기 위해 붐에 설치한 U형의 피팅, 배의 바닥에 고인 물을 퍼내는 파래박

(Bail)

- **벨러스트**(Ballast) : 한쪽으로 너무 많이 기우는 것을 방지하고 요트의 복원성을 증가시키기 위해서 보통 요트의 용골위나 용골에 사용하는 중량물
- **바버홀러**(Barberhauler) : 지브 리드의 각도(Jib lead angle)를 바꿀 목적으로 헤드세일의 클루(Clew)를 상하 좌우로 움직이기 위해 고안된 피팅, 이 장치는 슬롯의 모양을 조절해 준다.

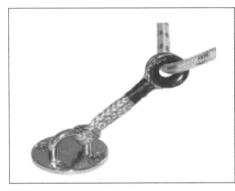

(Barberhauler)

- **베러**(Bare) : 러더나 킬이 부착되지 않은 선체(Hull)
- **베로미터**(Barometer) : 기압계, 기압은 해상의 날씨에서 결정적인 영향을 미치며 상대적으로 기압이 낮을 때 날씨가 좋지 않음

(Barometer)

* **배튼**(Batten) : 세일의 리치를 펴기 위해 탄력성이 있는 가늘고 긴 판 모양의 막대기

* **배튼 포켓**(Batten pocket) : 배튼을 넣는 주머니

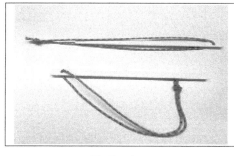

(Batten)   (Batten pocket)

* **빔**(Beam) : 선체의 너비, 폭

* **빔 리치**(Beam reach) : 풍축을 중심으로 90°방향으로 범주하는 상태

* **베어 어웨이**(Bear away) : 바람이 불어가는 쪽으로 진로를 떨어뜨림(풍하측), 요트의 침로를 풍하 쪽으로 바꿈

* **비팅**(Beating) : 풍상쪽의 목표로 나아가기 위해 지그재그로 태킹(Tacking)하여 범주하는 것, 요트의 침로를 풍상 쪽으로 바꿈

- ◆ **뷰퍼트 스케일**(Beaufort scale) : 뷰퍼트 풍력계급, 해면상태를 기준으로 한 풍력등급, 풍력계급은 0에서 12까지 13계급으로 분류

- ◆ **밴드**(Bend) : 마스트의 앞뒤 곡률(曲率), 마스트의 휨

- ◆ **빌지**(Bilge) : 선체에서 가장 낮은 부분, 선체 바닥에 고인 더러운 물

- ◆ **바이트**(Bite) : 자이빙(End pole end gybe)할 때 스핀 폴(Spin pole)에 톱핑 리프트(Topping lift)를 걸기 위한 고리 : 톱핑 리프트; 스핀폴(Spin Pole)을 설치할 때 폴의 상부를 지지하거나 붐(Boom)을 잡아주는 줄

(Bite)

- ◆ **비트**(Bitt) : 갑판상이나 부두에 설치된 짧은 기둥으로서 정박로프(Mooring line)를 걸기위한 것.

(Bitt)

풍력 계급	명칭	지상 10 m 에서의 상당풍속				육상상태	해면상태
		m/s	knot	km/h	mile/h		
0	고요 (caim)	0~0.2	‹1	‹1	‹1	연기가 수직으로 올라감	거울과 같은 해면
1	실바람 (light air)	0.3~1.5	1~3	1~5	1~3	풍향은 연기가 날리는 것으로 알 수 있으나 풍향계는 움직이지 않음	물결이 생선비늘같이 작고 파고풍이 없음.
2	남실바람 (light breeze)	1.6~3.3	4~6	6~11	4~7	바람이 얼굴에 느껴짐. 나뭇잎이 흔들리며 풍향계도 움직이기 시작함.	물결이 작게 일고 부서지지 않고 모양이 뚜렷함.
3	산들바람 (gente breeze)	3.4~5.4	7~10	12~19	8~12	나뭇잎과 가는 가지가 끊임없이 흔들리고 깃발이 가볍게 날림.	물결이 커지고(파고 0.6 m)
4	건들바람 (moderate breeze)	5.5~7.9	11~16	20~28	13~8	먼지가 일고 종잇조각이 날리며 작은 가지가 흔들림	파도가 일고 (파고1 m)파장이 파도가 많이 보임
5	흔들바람 (fresh breeze)	8.0~10.7	17~21	29~38	19~24	잎이 무성한 작은 나무전체가 흔들리고 호수에 물결이 일어남.	파도가 조금 높아지고(파고2 m) 많이 나타나고 물거품이 생김
6	된바람 (strong breeze)	10.8~13.8	22~27	39~49	25~31	큰 나뭇가지가 흔들리고 전선이 울리며 우산받기 곤란함	물결이 높아지기 시작하고 광검위해지며 물보라가 생김
7	센바람 (near gale)	13.9~17.1	28~33	50~61	32~38	나무전체가 흔들리며 바람을 안고서 걷기 어려움	파도가 높아지고 파도에 물거품이 생겨 줄을 이룸
8	큰바람 (gale)	17.2~20.7	34~40	62~74	39~46	작은 나뭇가지가 꺾이며 바람을 낙고 걸을 수 없음	파도가 제법 높고 마루의 끝이 거구로 튐
9	큰센바람 (strong gale)	20.8~24.4	41~47	75~88	47~54	가옥에 다소 손해가 있음. 굴뚝이 넘어지고 기와가 벗겨짐	파도가 높고 물거품에 따라 짙은 줄무늬를 띰
10	노대바람 (storm)	24.5~28.4	48~55	89~102	55~63	내륙지방에서는 보기 드문 현상임. 수목이 뿌리채 뽑히고 가옥에 큰 손해가 일어남	파도가 옆으로 긴 마루로 되어 물거품이 큰 덩어리가 됨
11	왕바람 (violent storm)	28.5~32.6	56~63	103~117	64~72	이런 현상이 생기는 일은 거의 없음. 광범위한 파괴가 생김	파도는 대단히 높고 파도에 거리 볼 수 없고 거품이 바다를 덮음
12	싹슬바람 (hurricane)	32.7~	64~	118~	73		바다는 물거품과 물보라를 가득하며 지척을 분간하지 못함

- ◆ **BL** : Base line, 기선(基線)
- ◆ **블랭킷팅**(Blanketing): 어떤 요트의 풍상에 위치하여 풍하측의 요트로 불어가는 바람을 차단하는 것

◆ **블록**(Block) : 활차, 도르레, 당기는 힘을 크게 하고 방향은 바꾸어 주는 역할로 시트나 로프의 방향을 바꾸거나 인장력을 줄이기 위하여 사용되는 부품

◆ **볼라드**(Bollard) : 갑판상이나 부두에 설치된 짧은 기둥으로서 정박로프를 걸기위한 것, 보트의 유형이나 목적, 무게에 따라 크기가 달라진다.

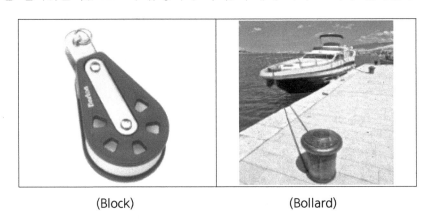

(Block)   (Bollard)

◆ **붐**(Boom) : 마스트에 지지되어 메인 세일 풋(foot) 부분을 받치는 스파(Spar), 메인세일의 밑 부분을 마스트와 선미 쪽으로 유지하는 가로 막대이며, 구즈넥(Gooseneck)으로 마스트와 연결되어 상하좌우로 움직임

◆ **붐 뱅**(Boom bang) : 붐의 지지 위치를 조절하기 위하여 설치된 장치, 붐이 위로 올라가는 것을 방지

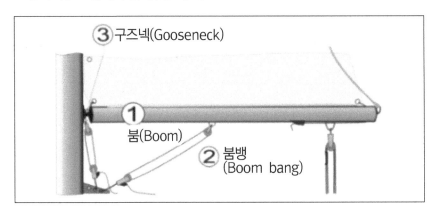

- **볼트 로프**(Bolt rope) : 세일의 풋(Foot)이나 러프(Luff)에 끼워진 보강용줄, 로프

- **보쓴**(Bo'sun) : 갑판장 (Boatswain 약자)

- **보텀**(Bottom) : 선저, 요트의 바닥

- **바우**(Bow) : 선수, 선수방향

- **바우 풀**(Bow pole) : 바우에 장치하는 스파(Spar)로 비대칭 스핀을 설치할 때 방해받지 않는 바람을 받기위한 것, 리칭 코스에서 드라이빙 파워를 전방으로 이동시켜 웨더헬름(Weather helm)을 감소시키는 장치
  (참조) 웨더헬름(Weather Helm) : 풍압의 중심점 이동으로 러더를 똑바로 두었을 때 풍상으로 선수가 움직이려고 하는 것
  (참조) 리헬름(Lee Helm) : 요트의 선수부분이 풍하 측으로 밀리는 현상

- **바우 너클**(Bow knuckle) : 선저요골과 선수재(Stem)가 닿는 부분

- **바우맨**(Bowman) : 마스트보다 앞쪽의 일을 담당하는 크루

- **바우 스피리트**(Bowsprit) : 선수로부터 연결된 스파(Spar)로서 포어스테이(Forestay)를 고정시키거나, 제네커 설치시 풍압중심을 전방으로 이동시키는 역할을 하는 것.
  집(Jib)세일 또는 제노아(Jenoa)세일을 더 넓게 펴거나 제네커(Gennaker)를 유지하기 위해 선수에 뻗은 막대

◆ **브라이들 라인**(Bridle line) : 스핀 폴 양단을 연결하여 톱핑 리프트나 포어가이(Forguy)를 그 중간의 바이트(Bite)에 걸기 위한 줄

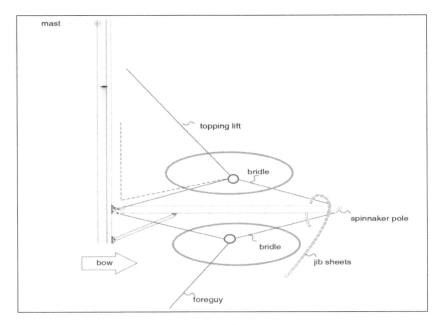

(Bridle line)

◆ **브로치**(Broch) : 보트가 바람을 벗어나서 범주할 때 세일에 강한 풍압을 받아 조정불능이 되거나, 선수가 풍상으로 돌아가는 상태.

◆ **브로드 리치**(Broad reach) : 약강 정횡 뒤쪽(110~120℃정도)으로 바람을 받아 범주하는 상태

◆ **브로드 씨밍**(Broadseaming) : 한 장의 곡선을 그린 세일천의 가장자리에 다른 한 장의 가장자리를 제봉하여 세일의 깊이를 증가시키는 방법

◆ **벌브 킬**(Bulb keel) : 킬의 아랫부분에 포탄형의 벌브를 붙인 것, 핀킬(Fin Keel)을 변형시킨 것으로 보다 중심을 낮추기 위해 사용

◆ **불워크**(Bulwark) : 선체의 건현이 갑판 측단 위로 연장된 파도막이 보루, 요트 상갑판 및 선루 갑판의 폭로된 부분의 선측에 갑판위로 파도가 직접

올라오는 것을 방지하고 안전한 통행을 위해 설치함

◆ **부이**(Buoy) : 부표, 뜸

◆ **부이엔씨**(Buoyancy) : 부력, 보트를 뜨게 해주는 위로 향하는 힘

◆ **버지 헬려드**(Burgee halyard) : 마스트 꼭대기에 요트 오너의 소속클럽
   등을 표시하는 삼각형 깃발이나 풍향측정기(Burgee)를 올리기 위한 줄.

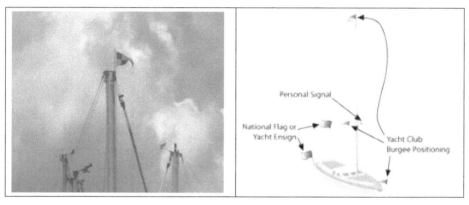

(Burgee halyard)

◆ **바이 더 리**(By the lee) : 풍하측으로부터 오는 시풍(AW) 으로 달리는 범
   주, 스테이(Stay)가 없는 딩기(Dinghy)에서 선수 및 선미를 지나는 연장선
   과 붐이 이루는 각도가 90°를 넘어서 범주하는 상태

[C]

- **캐빈**(Cabin) : 선실
- **CAD**(Computer Aided Design) : 요트설계에 필요한 데이터를 입력하면 그 것을 여러 가지 선형으로 간단하게 가공할 수 있는 최신 컴퓨터 설계
- **컴**(Calm) : 바람이 거의 없는
- **캠버**(Camber) : 돛의 볼록한 곡률 모양, 돛의 풍하 쪽으로 볼록하게 휜 모양
- **캠버 레이쇼**(Camber ratio) : 세일의 러프(Luff)에서 리치(Leech)간의 거리와 드래프트(Draft, 흘수)의 비율
- **캠 클리트**(Cam cleat) : 줄의 장력을 편리하게 고정시켜 주는 장치
- **컨아더 러더**(Canard rudder) : 러더의 아래 부분에 수직지지대(안정판)가 붙어있는 러더
- **캡사이즈**(Capsize) : 전복, 딩기정에서 갑작스런 풍향의 변화에 의한 자이빙 등으로 배가 뒤집히는 것, 강한 바람에 요트가 전복되는 것, 복원력 소실
- **케리지**(Carriage) : 트랙(Track)이나 트레블러(Traveler)에 있는 슬라이딩 피팅
- **카트**(Cart) : 손수레
- **캣 리그**(Cat rig) : 마스트 한 개에 한 장의 돛을 의장한 요트
- **캐터머랜**(Catamaran) : 선체 2개를 평행하게 이은 것으로 안정성이 있고 빠르게 달릴 수 있는 쌍동선
- **CE**(Center of Effort) : 세일의 풍압의 중심점
- **센터보드**(Centerboard) : 배의 복원성과 바람에 의하여 옆으로 밀리는 현상 리 웨이(Leeway)를 방지하기 위해 용골 밑으로 내리는 평판의 구조물

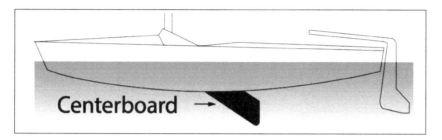

(Centerboard)

- **센터 라인**(Center line) : 선폭의 가운데의 중심선, 선수미선

- **체인 블록**(Chain Block) : 도르레

- **체인 락커**(Chain Locker) : 닻줄, 계류줄 등을 보관하는 창고

- **체인 플레이트**(Chain plates) : 슈라우드나 스테이를 안전하게 선체에 고정하기 위한 금속판.

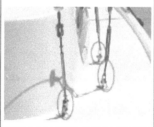

(Chain plates)

- **차트**(Chart) : 해도

- **차터**(Charter) : 레저선박을 빌리는 것(보트임대 등)

- **체크포인트**(Check Point) : 점검 항목

- **체크스테이**(Check stay) : 마스트(Mast)가 전방으로 너무 쓰러지는 것을 방지하는 것, 세일을 평평하게 하는 장치

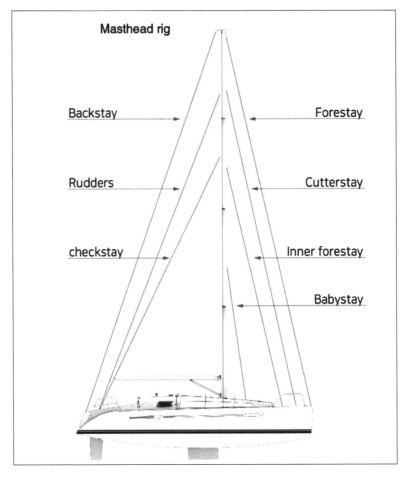

(Check stay)

- ◆ **코드**(Chord) : 세일이나 포일의 러프에서 리치까지의 직선거리

- ◆ **코드 뎁스**(Chord depth) : 코드에서 최고 깊이의 드레프트(Draft)

- ◆ **클리어 어스턴**(Clear astern) : 오버랩이 되지 않는 상태에서 두 척의 요
  트 중 뒤따라오는 요트

- ◆ **클루**(Clew) : 돛에서 택(Tack)의 반대쪽 모서리

- ◆ **클리트**(Cleat) : 시트(Sheet)나 헬려드(Haylard)를 묶는 부품

(Cleat)

◆ **클로스 홀드**(Close hauled) : 요트가 진행할 수 없는 지역(No go zone)의 한계까지 바람을 45°정도로 받으며 거슬러 범주하는 것

◆ **클루 크링글**(Clew cringle) : 돛의 보강천(Clew patch)에 시트를 접속하기 위해 단 밧줄구멍

(Clew cringle)

◆ **클로스 리치**(Close reach): 클로스 홀드보다 풍하로 약간 떨어뜨려 범주하는 것

◆ **CLR**(Center of Lateral Resistance) : 횡저항 중심, 물에 잠겨 있는 선체의 센터보드 부분, 운동의 중심점

◆ **코우밍**(Coaming) : 콕핏트 주의의 나지막한 등받이, 물막이

◆ **콕핏**(Cockpit) : 선실, 소형요트에서 사람이 타는 장소, 요트를 조종하기 위한 선미 쪽의 갑판

- **COLREGS** : 근해(Outer coastal waters)나 외양(The high sea)에 적용되는 국제해상충돌예방규칙

- **커미티 보트**(Committee boat) : 경기위원회 보트, 선박

- **컴페니언**(Companion) : 갑판

- **컴페니언 해치**(Companion hatch) : 갑판 승강구의 덮개문

- **컴페니언 웨어**(Companion way) : 갑판 승강구 계단

- **컨벤셔널 드롭**(Conventional drop) : 스핀(Spin)강하 방법으로, 러핑하면서 헤드세일(Head sail) 뒤쪽의 블랭킷(Blanket)에서 회수하는 형식

- **크리티걸**(Critical) : 고성능 포일(Foil)의 상태

- **코리올리 포스**(Coriolis force) : 지구자전에 의한 전향력(Defleting force). 북반구에서는 풍향이 오른편으로 움직인다.

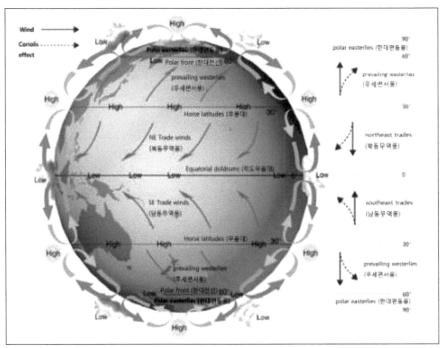

(Coriolis force)

- **CR**(Cruiser rating) : NORC의 CR에서의 레이팅(Rating) R(Meter)은 길이의 단위지만 이것을 TA(sec/mile)로 환산해서 시간 수정한다. 즉 같은 클래스(Class)가 여러 형의 요트끼리 경쟁을 할 때, 각각의 크기가 다른 요트에 레이팅(Raing)을 정해서 경기의 우열을 겨루기 위한 것

- **CR**(Course) : 임의의 원형을 선회하는 코스(Circular Random Course)

- **크루**(Crew) : 승조원, 스키퍼를 제외한 요트의 범주를 돕는 선원 전부

- **크루 포메이션**(Crew formation) : 선원편성

- **크링글**(Cringle) : 돛을 줄여 붐에 묶을 때 사용하는 돛에 뚫린 구멍.

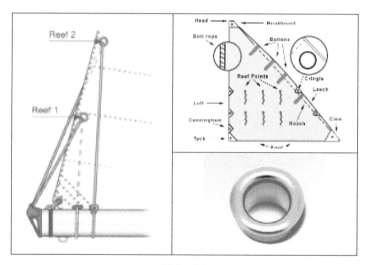

(Cringle)

- **크루저**(Cruiser) : 선실에 거실이나 오락시설을 가진 요트로 생활이 가능한 요트, 선저에 밸러스트(Ballast)를 갖추고 있어 외양 향해가 가능한 요트

- **커런트**(Current) : 조류, 조석이나, 중력(Rivers), 바람 그리고 기압차에 의한 물의 흐름

- **커런트 윈드**(Current wind) : 조류, 해류에 의해 밀어주는 결과로 생긴 범주 바람에 성분으로 물 흐름의 방향과 세기가 같거나 반대이다.

- **커닝햄**(Cunningham) : 세일 깊이를 전방으로 이동시키는 장치

- **커닝햄 홀**(Cunningham hole) : 돛의 택 부분에 짧은 간격으로 있는 구멍

- **컬**(Curl) : 스핀(Spin)의 러프(Luff)부부의 말림 현상, 또는 세일의 리치 나 지브 풋 등의 과대한 곡률

- **커스텀 보트**(Custom boat) : 고객의 요청에 의해 특별하게 만든 주문보트

[D]

- **데거 보드**(Dagger board) : 차입식 센터보드, 판 형태로 된 보드를 수직으로 넣었다 뺐다 할 수 있는 장치

- **데크**(Deck) : 갑판, 선체의 윗부분

- **데크 필러**(Deck Filer) : 연료 및 청수 주입구

(Deck Filer)

- **데크링**(Deck Ring) : 덱크링은 일명 콕핏트 링이라고 불리며, 스핀폴 (Spinpole) 포어가이(Foreguy)의 블록 설치용으로 사용되며, 세이프티 하네스(Safety Harness) 설치를 위한 잭라인 설치용으로 사용됨

(Deck Ring)

- **데크 스위퍼**(Deck sweeper) : 갑판, 평평한 풋을 가진 지브 또는 제노어

(Deck Vent)

◆ **데크 벤트**(Deck Vent) : 통풍기

◆ **디프 밸러스트**(Deep ballast) : 복원성을 좋게 하기 위한 핀(Fin)형의 킬

◆ **디프 킬**(Deep keel) : 선체가 옆으로 흐르는 것을 막기 위해 킬의 일부를 물속으로 깊게 튀어나오게 한 것

◆ **뎁스**(Depth) : 깊이에 대하여 곡룰 깊이의 비율, 백분율로 표시된다. 디스트로이어 바우(Destroyer bow) : 일반적으로 파도를 가르기 쉬운 선수, 평수시 수선장을 길게 잡을 수 있고 낮은 저항을 나타내 다운 윈드(Down wind)에서 성능이 좋은 형상

◆ **디비에이션**(Deviation) : 자차, 지자기 영향에 의한 콤파스 오차

◆ **딩기**(Dinghy) : 원래는 소형 오픈 보트(Open boat)로 노를 젓거나, 세일링을 하거나 소형엔진으로 달리는 것 등, 일반적으로 사용되고 있는 세일링 딩기는 1인승(Single hand), 2인승(Double hand), 쌍동형(Catamaran), 등 사용목적에 따라 여러 가지 형태

(Dinghy)

- **딥 폴 자이브**(Dip pole gybe) : 폴의 끝을 낮추어서 반대편 포어스테이를 비키는 방식의 자이브
- **디스마스트**(Dismast) : 마스트가 부러짐

(Dismast)

- **디스플레이스먼트**(Displacement) : 배의 무게, 배가 밀어내는 물의 무게
- **디스펠리스먼트 보트**(Displacement boat) : 활강할 수 없는 상대적으로 무거운 보트
- **디스트레스**(Disrtess) : 조난
- **다저**(Dodger) : 콕핏 앞쪽에 설치된 파도나 바람등을 막아주는 캔버스 스크린

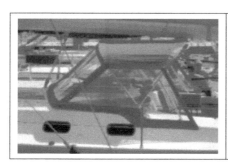

(Dodger)

◆ **도그 하우스**(Dog house) : 요트의 선실, 캐빈(Cabin)을 일컫는 말

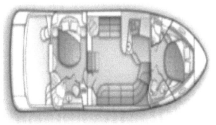

(Dog house)

◆ **더블 엔더**(Double ender) : 구명정처럼 선수와 선미가 같은 모양을 한 것

◆ **다운 홀**(Down haul) : 붐과 마스트를 잇는 줄로 메인세일의 택 부분을 아래로 당겨 세일의 러프를 팽팽하게 하는 역할, 스핀폴의 외측 끝이나 비트를 갑판 상에서 잡아주는 줄,포어 가이(Fore guy)

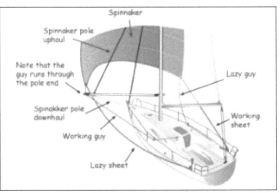

(Down haul)

◆ **다운 가이**(Down guy) : 스핀 폴(Spin pole)을 위해서 지지하는 톱핑 리프트(Topping lift)와 아래쪽을 지지하는 다운 가이(Down guy), 즉 포어 가이(Fore guy), 또는 다운 홀(Down haul)과 같은 뜻으로 쓰임

◆ **DR** : 침로와 항해한 거리만으로 계산된 요트의 추측위치(Dead Reckoning)

- ◆ **드래프트**(Draft) : 흘수선에서 요트의 가장 긴 부분까지의 깊이, 즉 수면에서 밸러스트 킬(Ballast keel)의 최심부까지의 수직거리

- ◆ **드래프트 포지션**(Draft position) : 세일의 가장 깊은 앞뒤의 위치로서 러프에서 뒤쪽 코드라인 까지 백분율로 표시함

- ◆ **드래프트 스트라이퍼**(Draft stripe) : 세일의 캠버(Camber)를 쉽게 파악하기 위해 표시해둔 선, 검은 띠로 세일의 횡단면 형상, 드래프트 스트라이프는 보통 세일 러프상의 25, 50 그리고 70%에서 붐과 평행하게 러프에서 리치로 가로질러 있음

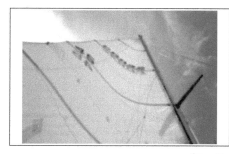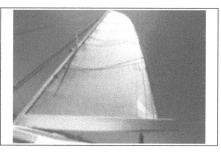

(Draft stripe)

- ◆ **드래그**(Drag) : 항력, 유체속에서 전진운동에 의해 생기는 저항

- ◆ **드래인 필터**(Drain Filter) : 찌꺼기 여과기

- ◆ **드래인 플러그**(Drain Plug) : 에어탱크나 콕핏 안의 물을 빠지게 하기 위해 선미나 콕핏 안쪽에 위치한 구멍이나 밸브

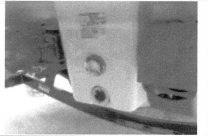

(Drain plug)

- **드리프트**(Drift) : 정류, 항행 중에 닻을 사용하지 않고 기관을 정지시켜 선박의 일시적 운항 정지, 표류

- **드리프터**(Drifter) : 아주 가벼운 스피네커(Spinnaker)나 제노아(Genoa)

- **드리프팅**(Drifting) : 무풍에서 해류나 조류에 의해 떠밀림 현상

- **DSP** : 선박의 배수량(톤) (Displacament)

- **DSPL** : 배가 물에 떠 있을 때 밀어내는 물의 중량(Displacement Load)

- **덕 다운**(Duck down) : 경기 출발시 스타트 라인을 넘어갔을 때(Over line) 완벽한 출발을 하기 위해 베어(Bear away) 해서 배를 되돌림

[E]

◆ **E** : 메인 세일의 저변길이

◆ **이어링**(Earing) : 돛의줄임(Reefing)등에 사용되는 가늘고 작은 로프

◆ **에론게이티드 트랙**(Elongated track) : 스핀 폴을 마스트에 격납할 때 폴 선단이 데크 초크(Deck chock)에 고정될 수 있도록 마스트 전면의 트랙을 따라 위쪽으로 이동할 수 있는 장치

◆ **엔드 블록**(End Block) : 메인세일의 곡면상태를 조절하고 팽팽히 하기 위해 세일의 뒤 밑 부분을 붐의 앞 뒤 방향으로 저절하는 장치, 메인세일을 당기거나 늦추어 캠버를 조절하는 장치

◆ **엔드 폴 엔드 자이브**(End pole end gybe) : 10 m 전후의 소형요트에서 사용하느 자이브(Gybe)방법으로 자이브때 스핀 폴의 마스트측 선단과 스핀의 택에 붙어 있는 선단을 교차하는 방법으로, 스핀 폴의 선단 쇠장식(Parrot beak)이 양쪽이 같은 구조로 되어 있음

◆ **EPIRB** : 자동 조난신호 발신기 (Emergency Position Indicating Radio Beacon)

(EPIRB)

◆ **에스티메이티드 포지션**(Estimated position) :추측위치와 물표방위 하나를 근거로 내는 추정위취

◆ **ETA**(Estimated Time of Arrival) : 도착 예정시간

◆ **ETD**(Estimated Time of Departure) : 출항 예정시간

◆ **액시트**(Exit) : 마스드 내부를 지나는 핼려드(Haylard)기 시용될 위치에서 마스트로 빠져나온 구멍

◆ **익스텐션**(Extension) : 하이크 아웃(Hike out) 상태에서 틸러(Tiller)를 용이하게 조절하기 위해 연결된 막대

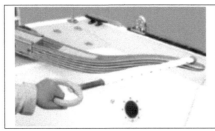 

(Extension)

◆ **아이 오브 더 윈드**(Eye of the wind) : 정확한 바람 방향

◆ **아이 스플라이스**(Eye splice) : 로프의 매듭법

◆ **아이 스트랩**(Eye Strap) : 밧줄을 묶기 위한 고리

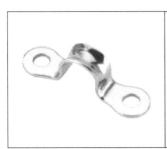  

[F]

◆ **페어리더**(Fairleader) : 데크 초크(Deck chock), 계류색이 선체와 접촉
하는 부분에 장착된 금속재 또는 목재의 초크, 로프의 통과를 쉽게하여
마모를 방지하고 방향을 바꾸기 위하여 롤러(Roller)를 가진 것도 있음

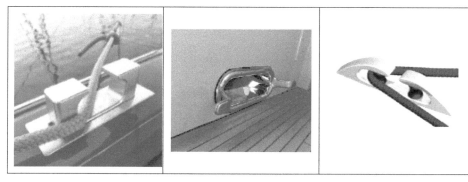

(Fairleader)

◆ **펜더**(Fender) : 방현재, 선박을 계류할 때 선박의 측면을 보호하기 위해
고무 공기주머니 형태의 방호물, 방현대

(Fender)

◆ **페취**(Fetch) : 진로를 잡다, 항진하다

◆ **피드**(Fid) : 밧줄가달을 푸는데 사용하는 나무막대 (철재는 Marlinespike)

◆ **피겨 헤드**(Figure head) : 선수에 장식한 그림

◆ **핀 킬**(Fin keel) : 밸러스트를 겸용한 핀(Fin)의 저항체를 선저 아래로 부착한 방식의 킬. 핀 자체의 밸러스트(Ballast), 횡류(Leeway) 방지

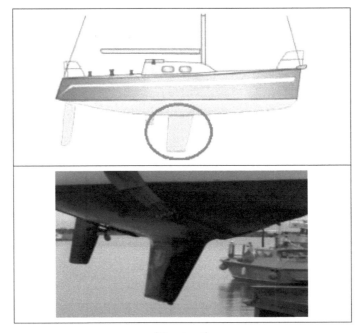

(Fin keel)

◆ **피팅**(Fitting) : 요트의 의장품

◆ **플레이크 다운**(Flake down) : 시트 등을 풀 때 감긴(Coil)상태로는 얽힐 염려가 있으므로 한겹 한겹 잘 벗겨지도록 새려두는 것

◆ **플레어**(Flare) : 선체 측면의 상부가 외측으로 휘어나간 상태

◆ **플렛**(Flat) : 요트를 경사(Heel) 없이 평평하게 세운 상태, 세일에 깊이가 없어 평평한 상태

◆ **플렛트너**(Flattener) : 메인 세일의 하부를 평평하게 하는 장치

◆ **플렛트닝 리프**(Flattening reef) : 메인 세일의 풋을 줄여 평평하게 하는 것으로 크링글(Cringle)은 러프와 리치를 따라1 ~ 2ft 간격으로 배치되어 그 풍속대에 맞춰서 단계별로 당겨내려 평평하게 축범하는 것

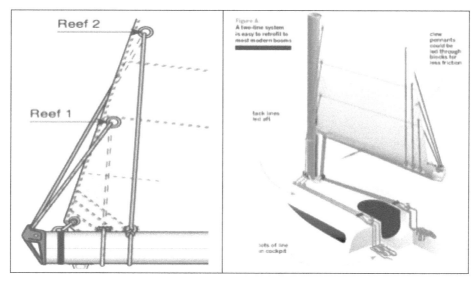

(Flattening reef)

- **플로윙 씨**(Flowing sea) : 선미로부터의 파도
- **포일**(Foil) : 유체흐름에 있어서 양력을 증대시킬 수 있는 표면형태. 킬 또는 러더 등을 지칭하는 에어포일(Airfoil)
- **풋**(Foot) : 세일의 갑판상에 평행한 아랫부분
- **풋 밴드**(Foot Band) : 하이킹 아웃(Hiking Out) 때 발목에 거는 벨트
- **풋팅**(Footing) : 좀 더 빠른 선속으로 보통 때보다 넓은 택킹 각 (Brading/브리팅할 때)에서 세일링 하는 것
- **포어 엔드 애프트**(Fore and aft) : 선수에서 선미까지
- **포어 엔드 애프트 리그**(Fore and aft rig) : 종범장치
- **포어케슬**(Forecastle) : 앞갑판, 선수부
- **포어 가이**(Fore guy) : 스핀 폴(Spin pole)을 선수갑판 직하로 잡아주는 시트(Sheet), 다운 홀(Down haul), 다운 가이(Down guy)

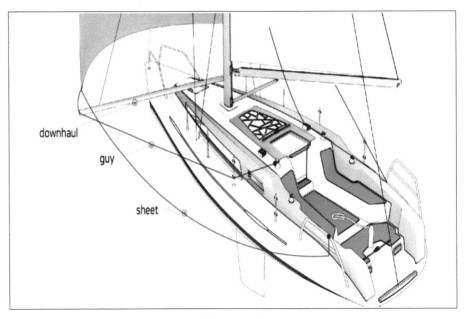

(Fore guy)

◆ **포어스테이**(Forestay) : 돛대에서 선수쪽으로 연결된 돛대 지지용 와이어
◆ **포어스테이 턴버클**(Forestay Turnbuckle) : 포어스테이를 턴버클로 길이를 조절, 마스트를 앞 방향에서 지탱하는 부분으로 유지관리가 필요

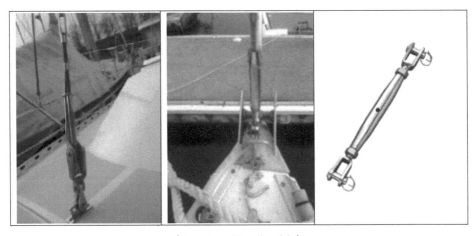

(Forestay Turnbuckle)

- **프리 플라이**(Free fly) : 세일링 중 스핀 폴(Spin pole)을 장착하지 않고 스핀 시트(Spin sheet)로만 조종하는 것

- **프리즐 라인**(Freezle line) : 가벼운 로프의 끝을 마스트 위쪽과 연결된 것으로 한곳에 금속제의 링이 붙어 있고 그 중간에 헬려드가 통과되고 헬려드가 꼬이면 꼬여있는 헬려드를 올려 꼬임을 풀어내리는 장치

- **FRP**(Fiber glass reinforced plastic) : 서뮤강화 플라스틱

- **플렉셔널 리그**(Fractional rig) : 큰 메인과 작은 헤드세일(Headsail)이 라는 짜임으로 전개하는 형태, 레이싱 요트의 설계에 규칙(Rule)을 정비 한다는 명목과 레이팅(Rating)에 유리한 중간 리그라는 발상이 조화된 리그(Headstay 5/6 리그 상과, 마스트 위쪽5/6부분이 만난다)

- **풀**(Full) : 러핑아님, 깊은 드래프트

- **풀 엔드 바이**(Full and by) : 세일을 풀로 해서 클로스 홀드로 범주하기

- **풀 세일**(Full sail) : 전 세일 올림, 바람을 최대한으로 받음

- **펄**(Furl) : 감아접다, 말다

- **펄링 드럼**(Furling Drum) : 집세일, 메인세일을 펴고 감아 들이기 쉽게 만든 롤러장치

- **펄러**(Furler) : 돛을 감아 들이는 회전체

(Furling Drum / Furler)

[G]

- **개스킷**(Gasket) : 돛을 묶는 밧줄
- **제네커**(Gennaker) : 제노어와 스피네커의 중간, 나일론으로 만들어진 크고, 둥글고, 미풍과 경풍에 사용, 제네커의 이점은 스핀폴 없이 사용
- **제노아**(Genoa) : 미풍용으로 사용되는 큰 지브 세일

(Genoa)

- **제노아 헬려드**(Gena halyard) : 제노어를 포스테이의 그루브(Groove)를 통해 올리기 위한 줄,
- **제노아 리드 앵글**(Genoa lead angle) : 제노어의 코드라인과 선체 중심선이 이루는 각도(약 8°~ 12°)
- **제노아 시트**(Genoa sheet) : 제노아 세일을 조종하는 로프, 조타 보조로 조절하는 줄
- **지오 그래픽 윈드**(Geograpic wind) : 지리적인 바람, 산을 포함해 섬 그리고 빌딩과 같은 지역 지형상의 영향을 받은 바람의 흐름
- **거스**(Girth) : 세일의 폭, 특히 스핀을 폈을 때 넓이
- **구스넥**(Gooseneck) : 붐(Boom)과 마스트(Mast)를 잇는 피팅
- **GPH** : 1마일 당의 소요시간을 초로 표시한 평균치

◆ **GPS**(Global Positioning System) : 선위 측정 장치, 위성으로부터 전파를 받아 자선의 위치를 확인

◆ **지피에서 플로터**(GPS Plotter) : 전자해도 위에 GPS 장치의 실시간대의 위치기능을 전목하여 확인하는 장치

◆ **그레디언트 윈드**(Gradient wind) : 등압선이 곡선일 때는 바람도 등압선을 따라 불어올때 기압경도력 전항력 외에 원심력이 작용하여, 이 세힘이 평행을 이루어 등압선을 따라 분다고 생각되는 가상의 바람

◆ **그로밋**(Grommet) : 세일의 밧줄고리로 금속쇠가 씌워진 구멍

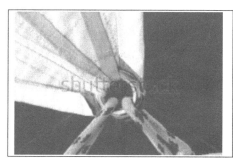 

(Grommet)

◆ **그루브**(Groove) : 세일을 범장하기위해서 포스테이의 포일이나 마스트에 파놓은 홈.

◆ **거전**(Gudgeon) : 러더(Rudder)를 선체 핀틀(Pintle)에 연결하는 장치, 키의 축 받침.

◆ **건웰**(Gunwale) : 갑판 가장자리에 있는 보트의 난간

◆ **거스트**(Gust) : 돌풍

◆ **가이**(Guy) : 스피네커를 당기는 밧줄

◆ **자이빙**(Gybing/Jibing) : 풍하에서의 방향전환, 규칙에 따라서 실제 자이빙은 붐이 선체 중심선을 지나는 순간부터 세일의 바람을 받는 순간까지를 말함

[H]

◆ **해치**(Hatch) : 창구

(Hatch)

◆ **헬려드**(Halyard) : 돛을 끌어올리고 내리는 데 사용하는 와이어(줄).

◆ **행크**(Hanks) : 포어스테이(Forestay)에 지브의 러프를 연결하는 작은 스냅(Snap)으로 그로브

◆ **하버**(Harbour) : 선착장, 항구

◆ **하네스**(Harness) : 인명의 안전을 확보하기 위해 야간항해시나 황천시 고정물에 몸을 묶기 위한 멜빵, 마스트에 오르기 위한 의자모양의 멜빵

◆ **헤드**(Head) : 세일의 윗부분, 헬려드를 연결하는 곳

◆ **헤드 보드**(Head board) : 세일 헤드(Head)의 얇은 철판이나 두꺼운 천으로 된 부분

◆ **헤드 플로우**(Headed flow) : 일반적으로 흐름보다 더 좁은 각도로 세일에 들어오는 흐름

◆ **헤더**(Header) : 헬름즈맨(Helmsman)이 풍하로 변침하거나 크루가 시트를 조절해야 할 필요가 있는 바람의 변화

- **헤드 오프(Head off)** : 바람으로부터 풍하로 변침하기, 베어 어웨이 (Bear away), 진로를 바람이 불어가는(풍하)쪽으로 변경
- **헤드 씨(Head sea)** : 선수쪽에서 파도
- **헤드 스테이(Head Stay)** : 선수(Bow)로부터 마스트의 상부까지 이어지는 와이러를 말하며 포어스테이(Fore-Stay)라고도 함
- **히브(Heave to)** : 역집으로 요트를 멈추거나 이쪽저쪽으로 천천히 범주
- **히브 투(Heave to)** : 선수를 바람 불어오는 쪽으로 돌려 배를 멈춤
- **히빙 라인(Heaving line)** : 계류줄을 멀리 보내기 위한 추가 달린 보조 줄

(Heaving line)

- **헤비 킬(Heavy keel)** 무게중심을 낮추기 위해 선체의 킬 자체가 깊고 긴 저항체를 구성하는 형태로 그 하부에 밸러스트(Ballast)를 가진다.
- **헤비 스테이(Heavy stay)** : 해면상태가 거칠 때 마스트를 안정시키기 위해 세일을 평평하게 하기 위한 장치
- **힐(Heel)** : 요트의 횡경사, 요트가 바람을 받아 풍하 쪽으로 기우는 것
- **헬름(Helm)** : 키의 손잡이
- **헬름즈맨(Helmsman)** : 키를 조정하는 사람, 소형 요트에는 스키퍼가 동시에 헬름즈맨이 되는 수가 많음
- **하이(High)** : 일반적으로 맑은 날과 경풍을 수반하는 기압이 높은 지역, 요구되어지는 코스를 벗어나는 몇가지 각도

- **하이크 아웃**(Hike out) : 선체의 경사(Heeling)를 줄이기 위해 크루가 경사 반대 뱃전에서 균형을 잡는 것

- **하이킹 스트랩**(Hiking Strap) : 요트가 기우는 것을 줄이기 위해 바람 불어오는 쪽 뱃전 밖으로 몸을 내미는 것

- **힌지**(Hinge) : 헤치(Hatch) 손잡이, 경첩

- **홀스 로프**(Horse Rope) : 트레블러(traveller)를 좌우로 조절하는 로프

- **하운드**(Hounds) : 마스트 상부의 스테이(Stay)가 설치된 부분

- **HP**(Horse Power) : 마력, 말이 끄는 힘, 단위(HP)

- **HSC** : (High Speed Collection)의 약자, 최고의 속도

- **헐**(Hull) : 선체

[1]

- ◆ I : 마스트 꼭대기에서 선수나 선미사이까지 내린 가상의 직선거리, 지브의 세로길이

- ◆ **IACC** : 아메리카즈 컵의 경기규칙 (America's Cup Class Rule)

- ◆ **ILC** : 국제적으로 같은 클래스 (International Level Class)

- ◆ **임펠라**(Impeller) : 임펠라, 추진기, 냉각수 펌프내 회전날개

(Impeller)

- ◆ **인보드**(Inboard) : 레일로부터 안쪽, 선내기 엔진

- ◆ **인 아이언즈**(In irons) : 요트가 전진력이 없이 세일이 펄럭거리며 선수가 바람쪽으로 표류하는 상태

- ◆ **이너 포스테이**(Inner forestay) : 마스트 헤드리그에서 중간부분이 파도에 의한 펀칭(Punching), 휘는운동(Pumping)을 예방하기 위한 리그 (Rig)

- ◆ **인터메디에이터**(Intermediator) : 마스트 중간 윗부분을 지탱하는 슈라우드(Shroud)

- ◆ **IOR** : 국제외양경기규칙 (International Offshor Rule)

- **아이소바**(Isobar) : 천기도에 나타난 같은 기압의 등압선
- **ISAF** : 국제세일링연맹(International Sailing Federation)
- **ISTA** : 국제세일링훈련협회(International Sail Training Association)
- **ITC** : 국제기술위원회(International Technical Committee)
- **IYRU** : 국제요트경기연맹(International Yacht Racing Union)

[J]

- ◆ J : 포어스테이 제노아(Forestay genoa)의 택 혼(Tack horn)에서 마스트 전면까지의 거리

- ◆ **잭스테이**(Jackstay) : 단독으로 마스트를 보조하기 위해 앞 갑판에서 마스트까지 연결된스테이

- ◆ **조**(JAW) : 스핀 폴(Spin pole) 양쪽의 시트나 인보드 넥크를 끼워넣기 위한 좁은 입구

- ◆ **지브**(Jib) : 돛대 전방에 장치되는 삼각형의 돛, 일반적으로 사용되는 정규집(Regular Jib), 강풍(황천)일 때 사용하는 스톰집(Storm Jib), 바람이 약할 때 사용하는 제노아집(Genoa Jib)으로 나뉨

- ◆ **집 카**(Jib Car) : 집세일의 택 부분을 선수 또는 선미 쪽으로 조절하여 캠버를 조절함

- ◆ **자이빙**(Jibing/Gybing) : 풍하에서의 방향전환, 규칙에 따라서 실제 자이빙은 붐이 선체 중심선을 지나는 순간부터 세일의 바람을 받는 순간까지

- ◆ **자이빙 앵글**(Jibing angle) : 포트(Port), 스타보드(Starboard) 각현이 자이브때의 최적순풍 선수방위(Heading)사이의 각도

- ◆ **지브 시트**(Jib sheet) : 지브 세일을 조절하기 위해서 사용하는 줄

- ◆ **집 행크**(Jib Hank) : 집 세일 러프를 포어 스테이에 거는 고리 장치

(jib Hank)

◆ **지브 트랙**(Jib track) : 지브(Jib)의 세프(Shape)를 풍향과 해면상태를 맞추기 위해 시트를 리드하는 장치

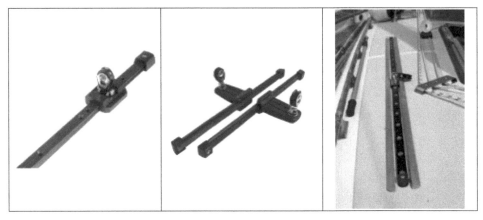

(jib track)

◆ **점퍼 스트럿**(Jumper strut) : 마스트 끝에 강한 지탱력을 주기위해 마스트 전방에 적절한 각도(직각)를 주어 설계된 막대기

(Jumper strut)

◆ **점퍼 스테이**(Jumper stay) : 스트럿(Strut)을 고정하기 위한 지지 와이어

◆ **점핑 스토퍼**(Jumping Stopper) : 시트(Sheet)를 고정할 수 있는 장치

◆ **쥬리 리그**(Jury rig) : 마스트 파손시(Dismast)의 응급 리그(Rig), 임시 마스트

[K]

◆ **킬**(Keel) : 용골, 주로 크루저에서 볼 수 있는 것으로, 배의 맨 밑바닥에 길레 뻗은 부착물

◆ **킬 스트럿**(Keel strut) : 킬자주, 킬받침대

◆ **켓치**(Ketch) : 마스트가 두 개로서 뒤의 마스트가 작고, 러더 포스트 보다 앞에 있는 선형의 요트

◆ **케블라**(Kevlar) : 1972년 미국 듀퐁사에서 개발한 고분자 아라미드 섬유의 상품명

◆ **킹스톤**(Kingston) : 에어탱크 내의 오수를 빼기 위한 구멍

◆ **킹스톤 밸브**(Kingston Valve) : 배의 바닥에 있는 물을 빼는 구멍에 막아놓은 마개

◆ **카이트 플라잉**(Kite flying) : 폴(Pole)을 떼고 시트만으로 날리고 있는 스피네커

(Kite flying)

- **노트**(Knot) : 해상에서 속도의 단위, 1시간에 1Mile을 달리는 속도, 해리는1,852 m(6,080 ft)로 육리(Statute 또는 land mile : 1,069 m-5,280 ft) 보다 약 15% 정도 크다

- **넉 다운**(Knockdown) : 거칠게 경사각이 커짐

- **KR**(Korean Register of Shipping) : 한국선급

- **KST**(Korean Society of Ship Inspection) : 선박안전기술공단

[ㄹ]

◆ **레미네이트 세일**(Laminate sail) : 케브라 등을 얇은 판으로 씌운 세일

◆ **랜드 브리즈**(Land breeze) : 육지에서 바다로 부는 따뜻한 바람(육풍)

◆ **랜드 폴**(Landfall) : 항해의 최초의 육지발견, 상륙

◆ **랜딩 피어**(Landing Pier) : 잔교, 바다위에 기둥을 박고 그 위에 콘크리트나 철판 등으로 상부시설을 설치한 부두

◆ **래녀드**(Lanyard) : 요트의 백스테이에 끝을 갑판에 묶어 고정하며 움직도르레에 여러 겹으로 걸어 스테이의 장력과 마스트의 기울기를 조절하는 가느다란 로프

◆ **랜야드**(Lanyard) : 잭나이프나 페일 등에 연결된 라인

 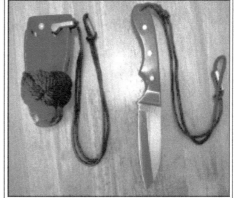

(Lanyard)

◆ **랩 타임**(Lap time) : 코스를 일주하는데 소요되는 시간

◆ **레이아웃**(Layout) : 갑판위에 있는 도구들의 배열 또는 객실 안에 있는 가구의 배열

◆ **레이지 시트**(Lazy sheet) : 스피네커(Spinnaker)의 택이나 클루에 붙어 있는 두가닥의 줄중 하나로 번갈아 한번은 가이(Guy)가 되고 한번은 시트(Sheet)로 쓰기 위한 줄

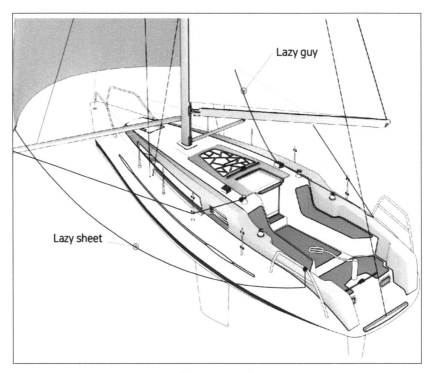

(Lazy sheet)

◆ **리드 블록**(Lead block) : 돛을 당기는 데 사용되는 도르래

◆ **리딩 에지**(Leading Edge) : 킬, 스트럿(날개) 앞부분

◆ **리딩 에지 앵글**(Leading edge angle) : 코드라인(Chord Line)을 만드는 세일의 각도

◆ **리치**(Leech) : 세일의 헤드(Head)에서 클루(Clew)까지 세일의 후변(뒷전)

◆ **리치 코드**(Leech cord) : 세일 리치(Leech) 부분의 펄럭임을 조절하는 줄

◆ **리보드**(Leeboard) : 선체 중앙의 양현에 판을 달아 핀으로 고정시켜 수
　중으로 내리고 올리도록 하는 장치

(Leeboard)

◆ **리 헬름**(Lee helm) : 요트의 선수 부분이 풍하측으로 밀리는 현상

◆ **리치 리본**(Leech ribbon) : 세일에 들어오는 바람의 흐름을 알기 위해
　리치에 설치하는 리본, 텔 테일

◆ **리워드**(Leeward) : 풍하, 바람이 불어가는 방향, 붐이 있는 현 만약 바람
　쪽에선 상태라면 붐이 있었던 쪽

◆ **리워드 헬름**(Leeward helm) : 키를 풀었을 때 선체가 풍하(Bear off)측
　으로 움직이는 현상, 보통 미풍때 나타난다.

- **리웨이**(Leeway) : 바람을 옆에서 받아서 범주할 때 풍하측으로 밀리는 것
- **레버 핸들**(Lever handle) : 로프 고정장치(Rope stopper)의 손잡이
- **라이프 자켓**(Life jacket) : 구명 동의, 구명조끼
- **라이프 부이**(Life Buoy) : 조난시 인명을 구조하기 위해 코르크나 카포 크를 채운 방수포를 씌운 것
- **라이프 레프트**(Life raft) : 구명뗏목

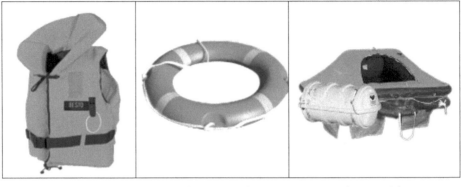

(Life Jacket)   (Life Buoy)   (Life raft)

- **라이프 링**(Life ring) : 구명환
- **라이프 슬링**(Life sling) : 익수자 구출시 투하용 구명맬방

(Life sling)

◆ **리프트**(Lift) : 유체의 흐름으로 포일(Foil)의 수직방향에 작용하는 힘

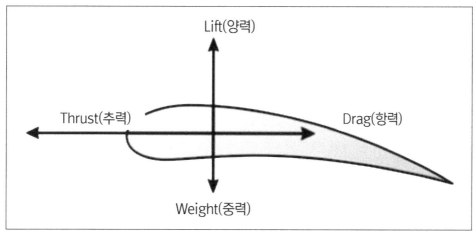

(Lift)

◆ **리프트 투 드래그 레이쇼**(Lift to drag ratio) : 양항비, 포일의 리프트는 드래그에 의해 나누어지며, L/D 비율은 풍상 성능의 좋은 기준이 되고 높은 비율은 높은 효능과 높은 포인팅 성능

◆ **리프터 플로우**(Lifter flow) : 보통 흐름보다 더 넓은 각도로 세일에 들어 오는 흐름

◆ **라인 런너**(Line Runner) : 불스아이(Bullseye)라고도 하며, 갑판상의 곡 면을 지나는 시트를 유도하는 역할

(Line Runner)

- **LOA** : 전장

- **롱 길**(Long keel) : 디프 킬(Deep keel)과 같이 킬의 길이가 긴 것

- **로우**(Low) : 주로 나쁜 날씨와 강한 바람을 동반하는 기압이 낮은 지역

- **로우어 슈라우드**(Lower shroud) : 마스트의 아래부분을 비스듬히 지탱하고 있는 리깅(Rigging)

- **LP** : 러프 퍼펜디큐어(Luff Perpendicuar)의 약자, 제노어의 클루에서 직각으로 교차한 러프의 수선으로 제노어의 크기를 나타냄

- **러프**(Luff) : 세일의 전변, 스테이나 마스트의 그루브에 끼워지는 부분

- **러프 커브**(Luff curve) : 마스트 밴드나 헤드스테이 새깅이 원인이 되어 세일러프에 생기는 볼록(메인), 오목(지브)곡선

- **러프 그루브**(Luff groove) : 세일을 끼우는 쟈크모양 구멍

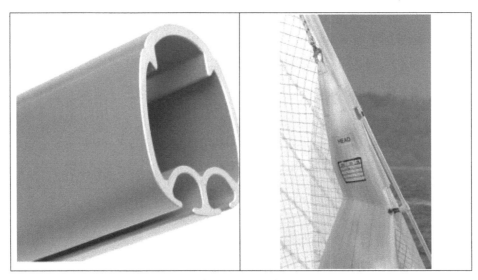

(Luff groove)

◆ **러프 로프**(Luff rope) : 세일 러프(Luff)에 들어있는 로프

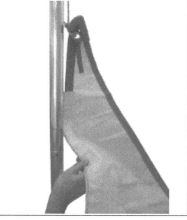

(Luff rope)

◆ **러핑** : 요트가 풍상으로 방향을 바꾸는 것

◆ **LWL** : 수선장, 부착물을 제외한 선체부분의 홀수선의 전단에서 후단까지를 말함

[M]

- **마그네틱 컴퍼스**(Magnetic compass) : 자침의, 나침반, 컴퍼스
- **메인 마스트**(Main mast) : 주 돛
- **메인 세일**(Main sail) : 주 돛, 마스트 뒤에 부착되어 있는 가장 큰 돛
- **메인 시트**(Main sheet) : 메인 세일을 조절하기 위해서 사용되는 줄
- **메인 트리머**(Main Trimmer) : 주 돛을 조정하는 크루
- **마리나**(Marina) : 요트나 모터보트 등을 정박할 수 있는 시설, 방파제 계류시설, 인양시설, 육상 보관시설 등이 갖추어져 있음
- **말라인**(Marline) : 가느다란 밧줄
- **말라인스파이크**(Marlinespike) : 밧줄의 끝과 끝을 풀어서 꼬아 잇거나 (Splice), 매어 잇거나 할 때 밧줄의 꼬임을 푸는데 쓰이는 바늘모양의 쇠붙이
- **마크**(Mark) : 요트 대회 등에 정해진 방향의 회항과 통과를 하는 표시의 물체
- **마스트**(Mast) : 돛대, 세일을 올리기 위한 수직 스파(Spar)
- **마스트 그루브**(Mast Groove) : 메인세일을 장착하기 위한 홈
- **마스트 등**(Mast Light) : 밤에 운항시 밝히는 등으로 돛의 꼭대기 부분에 있는 것이 아니라 아래에서 위 방향으로 약 2/3 위치의 높이에 설치
- **마스트 헤드 리그**(Mast head rig) : 지브 세일(Jib sail)이나 스피네커를 마스트 끝까지 펼치는 리그(Rig)
- **마스트 콜라**(Mast collar) : 데크(Deck)에서 마스트를 받치고 있는 부분

(Mast Collar)

◆ **마스트맨**(Mastman) : 바우맨(Bowman)을 보조하는 크루, 세일 교환시 마스트에서 헬려드를 보내거나, 제노아(Genoa) 강하보조, 또 스핀폴 (Spinpole)의 인보드(Inboard) 책임자, 스피네커 헬려드 담당

◆ **마스트 레이크**(Mast rake) : 돛대의 기울기

◆ **마스트 탑**(Mast top) : 풍향계, 항해등(3색), 정박등(백색), 무선 안테나 그리고 풍향 풍속계의 센서가 설치되는 가장 높은 장소

(Mast Top)

◆ **마스트 스텝**(Mast step) : 마스트이 레이크(Rake)나 밴드(Bend)를 조절 하기 위해서 어느 범위에서 움직일 수 있게 되어 있는 최하단 부분

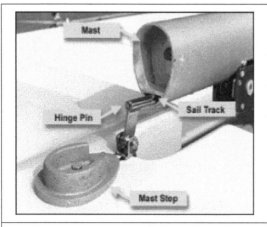

(Mast step)

- **마스트 스텝 트랙**(Mast Step Track) : 돛대를 앞뒤로 움직여 고정하는 물건

- **마스트 스워트**(Mast Thwart) : 돛대가 넘어지지 않도록 밑을 지탱해 주는 역할

- **미트 훅**(Meat hook) : 와이어 로프의 낱가닥이 부러져 생겨난 것

- **미드 쉽**(Midship) : 선체 길이의 중앙 선체부분, 혹은 조타 명령에서는 러더(Rudder)를 중앙으로 돌리는 것

◆ **미젼**(Mizzen) : 케치(Ketch)나 욜(Yawl)의 미즌 마스트에 설치되는 작은 최후부 세일

◆ **미젼 마스트**(Mizzen mast) : 뒷 돛대, 스쿠너(Schooner) 욜(Yawl), 케치(Ketch)의 후부돛대

◆ **모노헐**(Monohull) : 선체가 하나로 이루어진 형태로 일반적인 요트의 선형

◆ **무어링**(Mooring) : 선박을 부두・부이 등 해상 계류시설 또는 해양구조물 등에 붙들어 매어 놓음

◆ **무어링 라인**(Mooring line) : 계류색, 계류하기 위한 로프

(Mooring)

[N]

- **네비게이션**(Navigation) : 항해, 선박을 해상의 한 장소에서 다른 장소까지 안전하게 이동, 시간 등의 안내를 제공 받음

- **네비게이터**(Navigator) : 항법사, 항해자

- **네비게이션 라이트**(Navigation light) : 항해등

- **뉴트럴**(Neutral) : 엔진의 중립위치

- **NMEA** : (National Marine Electronics Association) 1983년에 제정된 NMEA 0183 Protocol은 상호 전자기기간의 데이터 교환방식의 규약으로 이것을 바탕으로 전자기기를 설계하도록 약속을 정함

- **노즈 다이브**(Nose dive) : 선수의 급강하, 요트의 선수가 파도에 세차게 쳐박힘

- **NORC** : (Nippin Ocean Racing Club) 일본외양범주협회

[O]

◆ **오아**(Oar) : 노, 인력으로 배를 추진할 때 쓰는 납작한 나무

◆ **오션 레이서**(Ocean racer) : 장거리 경기를 위해 최소한 설비를 갖춘 요트

◆ **옵쇼 클래스**(Offshore class) : 1790년도에 Royal Ocean Racing Club 과 Cruising Club of America 단체의 각 규정이 통합되어 IOR이 탄생되었다. 크기가 다른 요트들은 8가지의 클래스로 나누어지며 각 클래스의 요트들에 대한 Rating(즉 Handicap)은 Feet로 표시된다.

이 수치는 Hull에서 여러 측정치를 뽑아 복잡한 공식에 대입하여 산출 한다. 이 IOR Class에서는 Level Rating 또는 Ton Cup Class라 부르는 구분이 있다. (요트 중량 톤수와는 관계없다)

◆ **오일 워터 서퍼레이터**(Oil Water Separator) : 유수분리기

(Oil Water Separator)

◆ **원 디자인**(One design) : 선형, 세일면적, 의장품 등이 동일한 클래스 스크래치로 경기를 할 수 있어 순수한 세일러의 기량을 겨룰 수 있음

- **오슬레이팅 시프트**(Oscillating shift) : 순수전과 역전사이의 한계를 규칙적인 시간간격을 두고 바꾸는 변화유형, 앞바다에서 부는 바람과 적운(Cu)의 수직볼 안정에 관련된다.

- **아웃 보드**(Out board) : 레이 라인을 넘어 바깥쪽을 향해, 선외기 엔진

- **아웃 홀**(Out haul) : 붐의 바깥쪽으로 돛의 클루 부분을 당기기 위한 장치

- **오버랩**(Overlap) : 두 척 이상의 요트가 겹쳐서 범주하는 상태

- **오버 파워**(Over powered) : 파워가 걸려 조종하기 어려운 상태

- **오버 리그**(Over rigged) : 많은 세일면적을 가지고 있는 상태

- **오버 세일**(Over sail) : 양항비(올림성능을 표시하는 계수)가 떨어져 옆흐름이 심하게 되어 항력이 큰 세일 상태

[P]

- ◆ P : 밴드에서 밴드까지 올리는 메인 세일의 길이

- ◆ **패치**(Patch) : 세일의 보강천

- ◆ **패럿 비크**(Parrot beak) : 폴(Pole) 선단의 시트나 가이를 끼는 장치

- ◆ PCS : (Performance Curve Scoring) 풍속을 잡는 방법에 따라 경기결과를 도출하는 것이 아니고 순위를 계산 풍속으로 정하는 방법

- ◆ **피크**(Peak) : 스피네커(Spinnaker)나 메인 세일(Main sail)의 꼭대기 부분

- ◆ **필링**(Peeling) : 스피네커 교환시 내리는 스핀(Spin)을 벗겨내는 일

- ◆ **필링스트랩**(Peeling strap) : 스핀을 교환하는 중간에 스핀의 택을 일시적으로 고정하는 15 m 정도의 줄

- ◆ **패널티**(Penalty) : 요트 레이스의 벌칙이나 벌점

- ◆ **퍼머넌트 백스테이**(Permanent backstay) : 크루징 요트에서 마스트 톱으로부터 연결된 고정 백스테이

- ◆ PFD : (Personal Flotation Device) 구명조끼나 다른 부양 장치에 대한 공식적인 용어

- ◆ PHRF : (Performance Handicap Rating Fleet) 그 지역의 레이팅(Rating) 위원이 추측으로 정하는 레이팅 시스템(Rating system)의 통칭

- ◆ **핀치**(Pinch) : 돛을 활짝 펴고 앞바람으로 항해

- ◆ **핀치 업**(Pinch up) : 무리하게 올림, 즉 핀치(Pinching)이라 하여 천천히 가기는 하나 높이를 버는 상태

- ◆ **피칭**(Pitching) : 선체의 상하동요

- ◆ **피트맨**(Pitman) : 콕피트에서 헬러드(Halyard) 톱핑 리프트(Topping lift), 다운 홀(Down haul)등을 조절하는 크루

◆ **플레이닝**(Planning) : 배가 다운 윈드에서 일정 이상의 속도에 달했을 때 파도 위로 떠올라 활주하는 것과 같은 상태

◆ **플레이트**(Plate) : 스테이(Stay)와 데크(Deck) 사이드(Side)를 이어주는 금속판으로 볼트에 의해 선체에 부착

◆ **플래져 보트**(Pleasure boat) : 레크레이션용 보트의 총칭, 요트, 모터보트, 카누, 노보트 등

◆ **포인팅**(Pointing) : 좁은 겉보기 풍향각도 그리고 보통보다 느린 선속으로 범주하는 것

◆ **포인트 오브 세일**(Point of Sail) : 요트가 바람을 이용하여 범주할 수 있는 각도

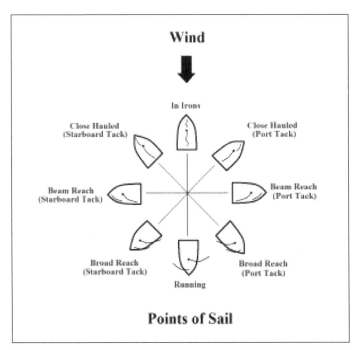

(Point of Sail)

◆ **폴라 다이아그램**(Polar diagram) : 여러 가지 특별한 풍속과 범주각도에서 요트의 예측 또는 실제 속력을 보여주는 것. 타켓 속력(Target speeds)을 측정하는데 이용

◆ **폰툰**(Pontoon) : 부잔교

◆ **포트**(Port) : 선박에서의 왼쪽면, 항구, 무역항

◆ **포트 택**(Port tack) : 포트(Port) 쪽에서 세일에 바람을 받아 범주하는 것

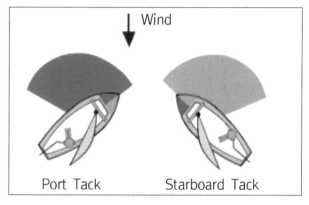

(Port tack)

◆ **파워 보트**(Power boat) : 엔진으로 추진하는 보트

(Power boat)

- **프리밴드**(Prebend) : 세일을 범장하기 전에 의장의 장력에 의해 야기되는 전후의 곡률(曲律)
- **프리피더**(Prefeeder) : 포어스테이에 헤드세일(Headsail)의 러프를 그로브(Groove)로 원활하게 인도하기 위한 기구

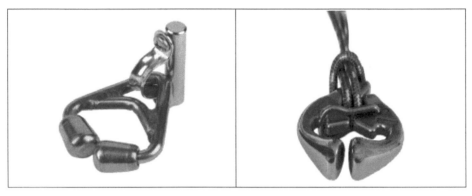

(Prefeeder)

- **프로퍼 코스**(Proper course) : 어떤 요트가 가급적 빨리 목적지에 도착하기 위해 범주 하는 임의의 코스
- **프로펠러**(Propeller) : 엔진 추진기의 날개
- **프로테스트 플랙**(Protest flag) : 항의기, 경기중 다른 요트의 반칙에 항의하는 뜻, B기
- **풀리**(Pulley) : 활차(滑車)
- **풀핏**(Pulpit) : 요트의 선수와 선미쪽의 난간
- **펀칭**(Punching) : 요트가 거친(Choppy) 파도에 박히는 현상

[Q]

◆ **쿼드런트**(Quadrant) : 비교적 큰 요트에서 틸러 대신에 사용하는 것으로 러더 헤드에 붙은 장치를 와이어로프나 체인으로 방향을 작동하는 장치

◆ **쿼터**(Quarter) : 선체중앙부와 선미와의 중간부분

◆ **쿼터 런**(Quarter run) : 빔 리치(Beam reach)와 데드 런(Dead run) 중간 부분의 범주 각도 (약 130˚~140˚)

[R]

◆ **레이서 크루져**(Racer cruiser) : 경기하기 위한 충분한 빠르기와 크루징을 위해 충분한 안락함이 갖추어진 보트 (R/C)

◆ **레이스 커미티**(Race committee) : 경기 위원회

◆ **레이크**(Rake) : 돛대의 경사도

◆ **레이더**(RADAR ; Radio Detecting and Ranging) : 레이더, 고주파를 이용하여 물체까지의 거리와 방위를 측정하는 항해 장비

◆ **레이더 리플렉터**(Radar Reflector) : 레이더 반사기, 레이더에서 발사되는 전파의 반사 능률을 높여 주는 반사판

◆ **라처트 블록**(Ratchet block) : 시트의 인장이 트림 방향으로 움직이게 하는 스프링 장치의 폴이 달린 블록, 주로 스핀 시트(Spin sheet) 용도로 쓰임

◆ **레이팅**(Rating) : 요트 레이싱의 핸디캡을 설정하는 측정공식의 값

◆ **리칭**(Reaching) : 비팅(Beating)과 런닝(Running)사이의 범주상태, 또는 스핀의 애프터 가이(After guy)에 트림각을 넓히기 위한 마스트에서 풍상으로 뻗치는 스파(Spar)

◆ **리치**(Reach) : 돛의 방향을 바꾸지 않고 한 침로로 항해

◆ **리핑**(Reefing) : 축범, 강풍에 요트를 안정시키시 위해 돛의 면적을 줄이는 것

◆ **리프 포인트**(Reef point) : 축범을 하기 위해 러프(Luff)에서 리치(Leech)를 따라서 일정간격으로 설치된 리프 크링글(Reef cringle)구멍

◆ **리페어런스 마크**(Reference mark) : 마크, 시트나 헬려드 등에 표시

◆ **리톨트 푸드**(Retort food) : 원거리 항해시 선적되는 즉석 식품의 일종

◆ **리그**(Rig) : 원통제(Spars), 고정색 그리고 세일의 총칭

◆ **리깅**(Rigging) : 의장, 색구(索具), 요트에 사용되는 작은 부장품

◆ **라이즈 오브 플로어**(Rise of floor) : 선저가 경사되어 있는 상태

◆ **RMP** : (Race Moodeling Program)의 약어, VPP로 계산되어진 데이트를 기초로 해서 예상되어지는 풍속의 확률분포, 레이스 코스, 가상적 경기를 설정하여 컴퓨터 경기를 시뮬레이션 프로그램에서 나오는 승률

◆ **로치**(Roach) : 헤드(Head)에서 클루(Clew)까지 그은 가상의 직선 위로 확장된 세일 가장자리에 있어서의 볼록한 형태

◆ **로프**(Rope) : 로프, 앵커줄

◆ **롤러 퓰링**(Roller furling) : 세일을 자동으로 감기 위한 기계장치

◆ **롤러 리프**(Roller reef) : 붐 주의에 세일 저변을 감아 보관하는 축범

◆ **롤링**(Rolling) : 횡동요

◆ **라운드 보텀**(Round Bottom) : 선저의 모양, 요트의 가장 일반적인 형태로 속도가 빨라 경기정으로 많이 사용됨

◆ **러더**(Rudder) : 요트의 키, 선박의 방향을 바꾸기 위해 사용

◆ 러더 앵글(Rudder Angle) : 타각은 타를 좌우 어느 쪽으로 회전시켰을 경우에 선체 중심선과 이루는 각을 말함. 타각이 커짐에 따라 타판에 닿는 수압이 증가하여 선박의 진행 방향을 바꾸는데 이론적으로 타각이 45°일 때 수압이 최대가 되며, 이 각도 이상이 되면 수압이 다시 감소 그러나 실제적으로 타의 각도는 35°내외에서 최대가 되며, 일반적으로 타가 35° 이상 회전하지 못하도록 스토퍼(Stopper)가 설치되어 있음

◆ **런닝**(Running) : 뒤에서 바람을 받아 범주하는 상태, 순풍

◆ **런닝 백스테이**(Running backstay) : 주로 헤드 스테이의 휨을 조정한다. 마스트에 힘을 가해 굽히는 장치(Bending)

◆ **런닝 리깅**(Running rigging) : 헬려드(Halyard), 가이(Guy), 시트(Sheet), 런닝 백스테이(Running backstay)등의 마음대로 조절할 수 있는 줄

◆ **러닝 스테이**(Running Stay) : 요트의 백스테이의 일종으로 선미 쪽 양현에 설치되어 있으며 풍상쪽은 당기고, 풍하 쪽은 늦추어 붐이 풍하쪽으로 돌아가는데 지장이 없게 하는 스테이며 마스트의 기울기를 조절함.

[S]

- **세이프티 하네스**(Safety Harness) : 몸 바

- **새깅**(Sagging) : 헤드세일(Headsail)이 바람을 받아 택과 헤드를 기점으로 그은 코드라인, 러프(Luff)가 휘어짐

- **세일**(Sail) : 돛

- **세일링**(sailing) : 항해, 범주, 요트가 돛을 펴고 달리는 것

- **세일 타이**(Sail Tie) : 요트의 말려진 돛을 잡아주는 버팀 막대 또는 잡아매는 밧줄

- **세일 트림**(Sail Trim) : 세일 조절

- **스쿠너**(Schooner) : 돛대가 2개이상인 요트로서 대형요트에 주로 사용되는 의장

- **씨 브리즈**(Sea breeze) : 해안지방에서 맑은 날 주간에 찬 바다로부터 데워진 육지의 따뜻한 공기 속으로 일정하게 부는 바람(해풍)

- **세퍼레이티드 플로우**(Separted flow) : 포일 윤곽에서 흐트러진 흐름, 스톨드 플로어(Stalled flow)라고도 함

- **샤클**(Shackle) : 로프나 와이어의 한쪽 끝을 연결할 때 간단히 철물 피팅(Fitting)의 구멍이나 다른 삭구에 채울 수 있는 연결고리

- **세이크 다운**(Shake down) : 길들이기, 튜닝(Tuning), 새로운 요트의 경우, 헬려드, 시트, 슈라우드 등의 리깅류를 길들이기 하는 것

- **세이프**(Shape) : 세일이 적당한 캠버를 가지고 펼쳐진 형태

- **쉬브**(Sheave) : 도르레, 블록(Block)

- **쉬어**(Sheer) : 현측에서 본 갑판의 커브

- **시트**(Sheet) : 돛을 조절하는 줄

◆ **시버**(Shiver) : 요트를 풍상으로 세웠을 때나, 세일을 완전히 늦춰주었을 때 풍하로 펄럭거리는 현상

◆ **쇼크 코드**(Shock cord) : 돛을 해장하여 헤드세일(Headsail)을 라이프 라인에 묶어두거나, 스핀(Spin) 강하시 스토퍼(Stopper)의 핸들이 저절로 닫히는 것을 방지하기 위하여 장치한 탄력성이 있는 가는 걸게 줄

◆ **슈라우드**(Shroud) : 돛대의 윗부분으로 부터 선체의 횡방향으로 갑판에 장치되어있는 와이어로서 돛대를 지지함

◆ **슈라우드 베이스**(Shroud base) : 턴버클로 길이를 조절하게끔 갑판 상부에 설치된 부분

◆ **사이드 포스**(Side force) : 횡력, 세일에 의해 옆으로 밀어붙이는 힘

◆ **사이드 스테이**(Side Stay) : 마스트의 양쪽 현측에서 마스트와 선체를 연결하여 지지하는 와이어 로프, 마스트 현측지지 와이어로 스프레더와 연결되어 있음

◆ **스케그**(Skeg) : 선미의 용골 후단에 붙은 작고 고정된 수직 안정판의 일종으로 추진기 샤프트(Shaft)를 지지하는 돌출부를 말함

◆ **스케이팅**(Skating) : 미풍시 다운 윈드에서 스핀에 압력을 느끼도록 달림으로서 요트가 스피드를 타기 쉬운 상태

◆ **스키퍼**(Skipper) : 정장, 선장, 요트를 책임지는 사람

◆ **스커트**(Skirt) : 세일의 풋(Foot) 자락, 태킹(Tacking)시 라이프 라인(Life line)에 풋이 걸리면 스커트라고 소리치면 바우맨이 풋을 안으로 끌어 당겨 들인다.

◆ **슬랩 리핑**(Slab reefing) : 펄링(감기는/Furling)장치로 감아 축범하는 것이 아니라, 세일에 설계된 리핑 포인트를 붐까지 당겨내려 풋에서 평행하게 일정한 면적을 제거하여 축범하는 것

◆ **슬랙**(Slack) : 줄을 늦추어 주거나 풀어 주는 것(Slack away)

◆ **슬리커**(Slicker): 폭풍우가 예상되는 날씨에 입는 재킷

◆ **슬라이드 카**(Slide car) : 갑판위의 고정된 일정의 트랙(Track)을 오가며 트림 시트(Trim sheet)를 리드(Lead)하거나, 스핀 폴의 인보드측 넥크를 걸어 폴(Pole)의 높이를 조절하는 장치

◆ **슬립웨이**(Slip Way) : 레일 또는 트레일러로 소형선박을 올릴 수 있도록 만든 완만한 경사면

◆ **SLP** : (Safe Leeward Position)의 약어, 풍하로 밀려가는 지점

◆ **슬롯**(Slot) : 헤드세일(Headsail)의 풍상측 리치(Leech) 부분과 메인 세일의 풍하측 러프(Luff) 부분이 만들어내는 틈새, 즉 제노어와 메인이 겹치는 평형된 부분

◆ **슬롯 이팩트**(Slot effect) : 지브 세일과 메인 세일 사이의 틈을 슬롯이라 하며, 이 슬롯을 통과하는 바람의 속도가 빨라져 요트의 추진력을 더욱 크게 하는데 이를 슬롯 이펙트라고 함

◆ **스냅 훅**(Snap Hook) : 스프링이 달린 고리

◆ **스넵 샤클**(Snap shackle) : 단 한번 접촉으로 개폐할 수 있는 샤클 머리 부분이 수위블(회전/Swivel)로 되어 있음

◆ **스네치 블록**(Snatch block): 스위블 헤드(Swivel head)에 강력한 스넵 훅(Snap hook)이 붙어 있음. 스핀 시트(Spin sheet), 애프트 가이(After guy), 포어 가이(Fore guy), 시트(Sheet) 세일(Sail) 교환, 각종 터닝 블록(Turning block)으로 사용처가 다양한 블록

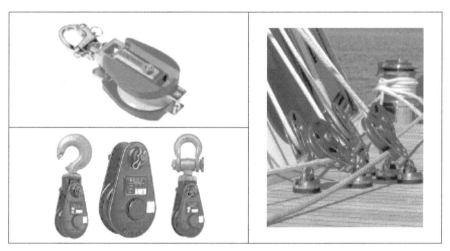

(Snatch block)

◆ **스너퍼**(Snuffer) : 제네커나 스피네커를 내리거나 보관할 때 사용되는 긴 나이론 카바

(Snuffer)

◆ **스파**(Spar) : 선체의 부착물, 마스트, 붐 드의 원재(圓材), 범장품중 주로 큰 것들 말함

◆ **스피네커**(Spinnaker) : 런닝과 클로스 리치까지 범주할 때 사용하는 세일이며, 가벼운 범포로 만들어짐

◆ **스피네커 시트**(Spinnaker Sheet) : 스피네커를 조종하기 위한 줄, 끝단에서 끝단까지(End to end) 스핀 폴의 경우 스피네커 시트와 애프터 가이는 공용으로 가는 현의 한 줄, 풍상측(스핀폴이 있는 쪽)이 애프터 가이, 풍하측은 스피네커 시트라 부름

◆ **스플라이스**(Splice) : 매듭법, 2조의 로프 색단(索端)을 영구적으로 연결하거나, 영구적인 고리(Eye)를 만드는 것

◆ **스푼 바우**(Spoon bow) : 레이팅(Retting)상의 수선장을 벌기 위해 선수부분을 스푼 모양으로 둥글게 만들어 떠있을 때는 수선장이 짧아 평수시(萍水時)에 수선장을 짧게 잡은 선형, 예비부력을 증가시켜 파랑 중 선수를 뜨게 함으로서 피칭(Pitching)에 의한 파랑저항 감소를 노린 선수형상

◆ **스프레더**(Spreader) : 슈라우드와 마스트의 접하는 각도를 벌려주어, 마스트를 안정시키는 역할과 스윙 백 스프레드(Swing back spreader)의 경우 마스트를 밴딩시키는 역할

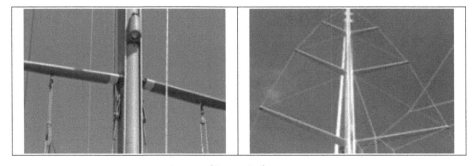

(Spreader)

◆ **스프레더 패치**(Spreader patch) : 제노아(Genoa)의 스프레더에 닿는 부분에 붙어 있는 두꺼운 세일조각

◆ **스프링**(Spring) : 줄을 늦춰서 배를 움직이게 함

◆ **스프링 라인**(Spring Line) : 배를 계류하기 위해 선수계류줄을 선미로 선미 계류줄을 선수로 묶어 배가 앞뒤로 움직이지 못하도록 함

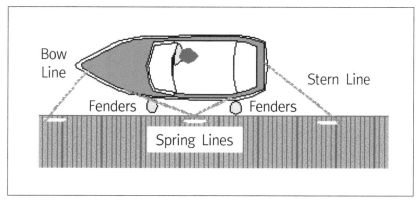

(Spring Line)

◆ **스퀘어 리거**(Square rigger) : 가로 돛, 의장선

◆ **스테빌리티**(Stability) : 안정성, 복원력

◆ **스탠딩 리깅**(Standing rigging) : 마스트를 지탱하는 와이어(Wire), 헤드 스테이(Headstay), 백스테이(Backstay), 슈라우드(Shroud) 등의 고정

◆ **스타보드**(Starboard) : 우현, 요트를 선수 방향으로 향하고 있을 때 오른쪽 현

◆ **스타보드 택**(Starboard tack) : 세일링 중 스키퍼, 크루가 우현에 앉은 상태, 돛이 우현에서 바람을 받아 좌현에 세일이 펴진 상태

◆ **스톨**(Stall) : 공기흐름의 분리에 의해서 생기는 실속현상

◆ **스텐션**(Stanchion) : 기둥, 지주

◆ **스테이**(Stay) : 돛대를 선체에 고정시키는 데 사용되는 와이어 줄, 헤드 스테이(Headstay), 백스테이(Backstay), 슈라우드(Shroud)

◆ **스테이 어드져스터**(Stay Adjuster) : 백 스테이의 장력을 조절하는 장치

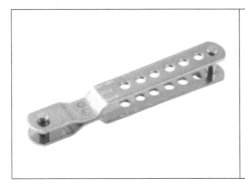

(Stay Adjuster)

◆ **스테이세일**(Staysail) : 헤드 스테이로부터 뒤쪽으로 범장되는 작은 지브

(Staysail)

◆ **스턴**(Sten) : 선미(船尾), 고물

◆ **스턴 트랜섬**(Stern transom) : 고물보

◆ **스티프**(Stiff) : 킬(keel)이 횡경사 힘을 상쇄시켜 비교적 힐(Heeling)이 적당한 상태로 범주하는 요트

◆ **스토퍼**(Stopper) : 시트(Sheet)를 고정할 수 있는 장치로 손잡이를 간단 하게 조절함

(Stopper)

◆ **스톰지브**(Storm jib) : 황천 항해시 돛의 면적을 줄이기 위해 사용되는 가장 작은 지브세일

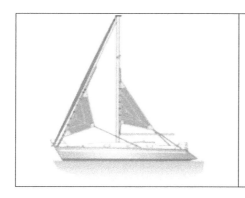

◆ **스트럿**(Strut) : 세일 횡력에 대항하기 위한 양력을 만들면서 비대한 벌브(Bulb)를 단단히 지지하는 역할

◆ **스트레이터스 클라우드**(Stratus clouds) : 층상의 회색구름을 안개와 비슷하지만 지상에서 떨어져 지상 약 600 m 높이에 많이 발생하는 구름

◆ **스위퍼**(Sweeper) : 콕핏 내에서 내려진 스핀을 정리하거나 세일 교환시 세일을 운반하는 등, 다른 크루의 손이 미치지 못하는 부분을 보충하는 크루를 일컬음

◆ **스윙**(Swing) : 지브 세일에 바람을 많이 받을 수 있도록 조종하는 것

[T]

- **TA** : (Time Allowance), IMS의 빠르기 단위(sec/mile)
- **택**(Tack) : 돛 앞부분의 밑, 포스테이 또는 마스트의 접한 돛 앞부분
- **택 다운**(Tack Down) : 돛의 앞면 밑 모퉁이를 단단하게 함
- **태킹**(Tacking) : 요트가 풍상으로 나아가는 경우, 돛을 좌현에서 우현, 또는 그 반대로 이동시켜서 다른 풍상으로 방향을 바꾸는 것
- **태킹 듀얼**(Tacking dual) : 비팅(Beating)하면서 상대 요트를 밀어내어 피항하는 전략
- **택 혼**(Tack horn) : 세일의 크링글(Cringle)을 걸기 위한 각상의 돌기
- **텐덤 킬**(Tandem keel) : 킬 2개가 앞뒤로 나란히 설계된 것, 어펜디지 (appendage)로서 킬 스트러트가 러더처럼 리웨이(Leeway)를 상쇄시킬 수 있는 킬

(Tandem keel)

- **테이퍼드 마스트**(Tapered mast) : 마스트가 끝으로 갈수록 가늘게 만들어진 것
- **탱**(Tang) : 마스트의 스탠딩 리깅 상부 끝에 붙어 있는 피팅(Fitting)
- **타켓 스피드**(Target speeds) : 계기(요트속력, 풍향, 풍속계)가 붙어있는 배에서는 폴러 다이어그램(Polar diagram)에 나타난 그 풍속대의 VMC 를 찾아, 계기로 그 속력을 체크하여 최대 VMG를 얻는 범주법, 풍상·풍

하 다같이 최고 성능을 달성하기 위한 지침처럼 사용되는 요트속력, 어떤 요트라도 진풍의 세기에 따라 달라짐

◆ **TCF** : (Time Collection Factor), IMS의 시간수정인수

◆ **텔테일즈(Telltales)** : 돛에 달려 있어 바람의 방향 및 세기를 관측하는데 이용

◆ **텐더(Tender)** : 견시, 선박의 전방을 경계

◆ **텐션 컬(Tension curl)** : 과대한 세일트림에 의해 생기는 주름

◆ **스루우 데크 마스트(Through deck mast)** : 갑판 관통 마스트

◆ **타이 로드(Tie rod)** : 헐(Hull) 구조제에 접합되어져 마스트를 지탱하는 피팅(Fitting)

◆ **틸러(Tiller)** : 러더 끝(Rudder head)의 전방 또는 후방으로 설치한 프라스틱제, 목재, 철제의 봉

◆ **톱핑 리프트(Topping lift)** : 스핀폴 설치 시 폴의 상부를 지지하거나 붐을 잡아주는 줄

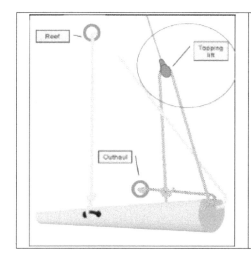 

(Topping lift)

◆ **트랜섬**(Transom) : 고물보, 선미에서 선체를 가로지르는 면

(Transom)

◆ **트레블러**(Traveller) : 메인 시트 리더를 슬라이딩(Sliding)시키는 장치로, 바람에 대한 세일의 각도를 트랙 길이 내에서 조절하는 피팅

(Traveller)

◆ **트림**(Trim) : 돛을 조절하는 것, 요트의 전후 경사

◆ **트리마란**(Trimaran) : 삼동선, 선체가 3개로 된 헐(Hull), 특징으로는 넓은 갑판 공간과 속력이 빠르며 선회성능을 보완하기 위해 양현에 러더를 장착함

◆ **트리머**(Trimmer) : 세일을 조절하여 선체의 균형을 조절하는 크루

◆ **트림 탭**(Trim tab) : 엔진에서 틀림 현상방지, Movable Appendage로 이것은 적은 리 웨이(Lee way) 각에서 커다란 양력을 만들어 내는 것으로 고양력 장치의 일종, 킬 스트럿(Keel strut)

◆ **트리핑 라인**(Tripping line) : 트리거 라인(Trigger line), 자이빙(Gybing) 시 등 폴을 트립(Trip) 할 때 페롯 백(Parrot beak)를 열어주는 코드

◆ **트루 코스**(True course) : 진침로

◆ **트루 윈드**(True wind) : 정지했을 때 느끼는 바람, 참바람

◆ **트루 윈드 앵글**(True wind angle) : 요트 선수에 대한 진풍의 각도

◆ **트라이 세일**(Try sail) : 마스트 뒤쪽의 보조적인 작은 돛

◆ 텀블 홈(Tumble home) : 선체측면의 상부가 내측으로 휘어져 있는 상태

◆ **터불런트 플로우**(Turbulent flow) : 난류, 거친 소용돌이가 혼합된 특성을 가진 유체흐름

◆ **터닝 블록**(Turning block) : 시트의 방향을 바꾸어 윈치(Winch)를 앞으로 리드하는 블록

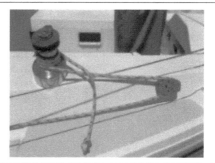

(Turning block)

◆ **터틀 백**(Turtle bag) : 스핀 백(Spin bag)의 애칭

◆ **턴버클**(Turnbuckle) : 슈라우드를 플레이트나 의장품에 연결하여 조이거나 풀 수 있는 스크루 장치, 리깅류의 장력을 조절하거나 고정하기 위해 사용

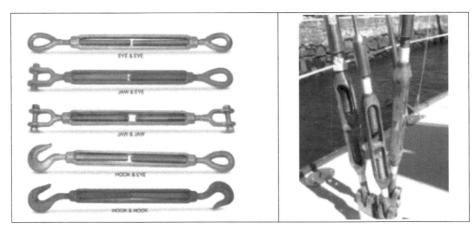

(Turnbuckle)

◆ **트위커**(Tweaker) : 스핀의 풍압중심을 낮추거나, 리치부의 시트를 리드
하기 위한 블록(Block) 장치

◆ **트윈 킬**(Twin keel) : 핀킬의 변형, 선저에 두 개로 나누어서 홀수를 낮
추고 상가 시 선체를 안전하게 놓을 수 있는 형의 킬

(Twin keel)

◆ **트위스트**(Twist) : 세일의 밑에서 위로 감에 따라서 각 세일 단면 코드라
인이 이루는 각도가 점점 달라지는 것

[U]

- **ULDB** : (Ultra Light Displacement Boat) 초경배수량 보트
- **언데웨이**(Under Way) : 항행중, 보트가 순조롭게 물에서 움직이는 것
- **언 힐**(Un Heel) : 요트가 풍상 쪽으로 기우는 것
- **유니버셜 헤드 블록**(Universal Head Block) : 캠클리트(Cam Cleat)가 달려 있는 3중 도르레
- **업윈드**(Upwind) : 바람이 불어오는 쪽을 향하여
- **어퍼 슈라우드**(Upper shroud) : 사이드 스테이(Side stay)로 가장 위에서 밑에까지 연장되어 있는 가장 긴 고정 삭구
- **업 워시**(Up wash) : 세일에 가까워져 오는 바람이 세일에 의해서 미리 굽어지는 현상
- **업윈드 세일링**(Upwind Sailing) : 풍상범주, 요트가 비스듬히 맞바람을 받아 항주하는 상태
- **USYRU** : (United States Yacht Racing Union) 미국 요트경기위원회

[V]

- **뱅**(Vang) : 붐을 돛대에 연결하는 와이어나 짧은 줄

- **비어**(Veer) : 바람이 오른쪽으로 선회하여 바뀌는 것

- **비어 아웃**(Veer out) : 닻줄을 풀다

- **벨로시티 쉬프트**(Velocity shift) : 바람각도가 일시적으로 바뀌는 것

- **VHF**(Very High Frequency) : 초단파, 근거리 내 선박과의 통신장비로서 10마일 정도까지 교신이 가능한 초단파 무선통신기

- **버티칼 쉐이프 디스트리뷰션**(Vertical shape distribution) : 수직형 상분포로서 어떤 높이에서 그 다음 세일형상의 변화

- **VTS**(Vessel Traffic Service System) 선박교통관리센터

[W]

- **워터라인**(Water line) : 선체와 수면이 만나는 수선
- **워터 라인 랭스**(Water line length) : LW 수선장, 선체가 물에 잠겨있는 부분의 길이
- **워터 타이트**(Water tight) : 물이 새어들지 않도록 봉해진 수밀상태
- **웨더헬름**(Weather helm) : 풍압의 중심점 이동으로 러더를 똑바로 두었을 때 풍상으로 선수가 움직이려고 하는 것
- **위스커 폴**(Whisker pole) : 마스트로부터 지브의 클루(Clew)까지 뻗어주는 막대, 스피네커를 갖지 않는 배에서 런닝 때(Wing and wind) 사용할수 있는 방법, 단 자이빙(Gybing)에 주의 요함
- **윈치**(Winch) : 손으로 잡아당기거나, 지탱할 수 없는 힘(Tension)이 걸린 시트를 기어로서 감을 수 있도록 만든 장치
- **윈드 게이지**(Wind Gauge) : 풍향, 풍속계
- **윈드 그래디언트**(Wind gradient) : 고도에 의한 풍속이 다름, 물 표면보다 적은 마찰 때문에 수면에서 떨어질수록 바람의 세기가 증가
- **윈드 시어**(Wind shear) : 고도에 의한 풍향이 다름, 겉보기상의 바람이 갑판 근처에 불고 있는 바람과 마스트 꼭대가 부근의 부는 각도가 틀림
- **윈드래스**(Windlass) : 닻을 감아 올리는 기계
- **윈드 베인**(Wind vane) : 풍향계
- **윈드워드**(Windward) : 풍상측, 바람이 불어오는 쪽
- **윈드워드 헬름**(Windward helm) : 러더를 놓았을 때 보트가 풍상으로 회두하려는 경향, 직선 코스로 조타하는데 요구되는 러더각을 도(度)로 측정, 웨더 헬름(Weather helm)이라고도 함

- **윙**(Wing) : 요트가 기울기(Heeling) 시작하면 킬 스트럿(Keel strut)이 효율감소를 일으키는 것에 대해 윙의 양력이 횡력을 메우는 역할을 하는 것, 벌브(Bulb) 후단에 붙어 있음

- **윙 아웃**(Wing out) : 바람(Wing and wind) 바깥쪽에 설치

- **윙 세일**(Wing Sail) : 마스트에 씌울 돛의 중심부를 새의 날개 형으로 만든 것

(Wing Sail)

- **워킹 세일즈**(Working sails) : 메일세일과 더 작은 삼각 돛

- **링클**(Wrinkle) : 주로 요트가 그 풍속대에 적정한 스피드를 유지했을 때 러프부분에 잡히는 주름, 스피드 링클

[Y]

- **요트**(Yacht) : 요트는 네덜란드어로 추적선이라는 뜻을 지닌 '야흐트 (Jaght)'에서 유래하였으며, 야흐트는 '사냥하다'라는 뜻을 지닌 '야헨 (Jagen)'에서 파생함

- **욜**(Yawl) : 마스트가 두 개이며 타륜이 선미 돛대의 앞에 위치한 요트로 서 집세일을 여러 장 의장하는 형태도 있음

(Yawl)

참고문헌

[1] 세일링 요트 입문서 / 신진그래픽/ 강명효 / 2016

[2] 세일링 요트 / 해인출판사 / 정종석 / 2003

[3] 현대요트교본 / 태을출판사 / 현대레저연구회 / 2012

[4] 크루저 핸드북 / 도서출판한국외양범주 / 장영주옮김 /2004

[5] 세일링 크루저 그 실체와 기법 / 인쇄정보 / 박근옹편역 / 1997

[6] 요트디자인원론 /동명사/이준옮김 / 2017

[7] JY요트 제작교본 /JY요트 /김인철옮김 / 2012

W+ 해양레저활동 세일링 요트 첫걸음

2018년 12월 1일 초판 인쇄
2020년 4월 6일 2쇄 발행

저 자	서광철·김인철·이진행
발 행 인	송기수
발 행 처	위즈덤플
편 집 처	위즈덤플
인 쇄 처	대명프린팅
신고번호	제 2015-000009 호
I S B N	979-11-89342-01-2(03530)

주 소	서울 은평구 증산로 15길 69 2층
전 화	02-976-7898
팩 스	02-6468-7898
홈페이지	gsintervision.co.kr
E-Mail	gsinter7@gmail.com

정 가 20,000원